LA TROISIÈME ERREUR D'EINSTEIN

PRINCIPE D'ÉQUIVALENCE

EVGENI BANTUTOV

Copyright © 2024 EV GENIUS

All rights reserved

The characters and events portrayed in this book are fictitious. Any similarity to real persons, living or dead, is coincidental and not intended by the author.

No part of this book may be reproduced, or stored in a retrieval system, or transmitted in any form or by any means, electronic, mechanical, photocopying, recording, or otherwise, without express written permission of the publisher.

CONTENTS

Title Page
Copyright
1. Introduction.   1
2. Zone de définition.   3
3. Principe d'équivalence.   5
4. Première loi de Newton.   15
5. Deuxième loi de Newton.   24
6. Troisième loi de Newton.   35
7. Loi de la gravitation de Newton.   47
8. Mouvement relatif à vitesse constante.   50
9. Mouvement absolu avec accélération constante.   54
10. Attribution des types de mouvements.   59
11. Sensation de l'action de la force.   83
12. Force. Point d'application.   90
13. Types de forces. Manifestation de pouvoir. De cause à effet.   91
14. Principe d'uniformité.   97
15. Représentation graphique   100
16. Condition de repos relatif   106
17. Réalité tridimensionnelle. Réalité unidimensionnelle.   112
18. Effort. Accélération.   127

19. Champ d'effort. Essence fondamentale commune de la Réalité Infinie Unique.   133

20. Newton, gravité et champ d'effort.   144

21 TEMPS   146

1. INTRODUCTION.

Ce livre est écrit pour les lecteurs qui n'ont pas de formation spéciale en physique.

De nombreuses figures montrent et expliquent les problèmes de la physique moderne. Il n'existe pas de formules mathématiques compliquées. Il est démontré qu'une grande partie des problèmes de la physique moderne sont causés par la théorie de la relativité créée par Einstein.

Einstein a remarqué que lorsqu'un corps se déplace avec accélération dans un champ gravitationnel, son mouvement d'accélération est identique à un mouvement rectiligne uniforme et qu'une masse lourde est toujours égale à une masse d'inertie.

Einstein a utilisé ces deux faits, et le mouvement avec accélération peut alors être assimilé à un mouvement rectiligne uniforme. Cela signifie que les deux types de mouvement sont équivalents et Einstein l'a défini comme *le principe d'équivalence*.

Einstein a assimilé le mouvement accéléré au mouvement rectiligne uniforme et a ainsi créé la théorie de la relativité générale.

Il faudrait faire le contraire. Un mouvement rectiligne uniforme doit être assimilé à un mouvement accéléré. Alors, un mouvement rectiligne uniforme équivaut à un mouvement avec accélération. Ensuite, le mouvement rectiligne uniforme est un cas particulier de mouvement avec accélération.

Einstein a défini le principe d'équivalence et créé la théorie de la relativité générale. Le principe d'équivalence est mal défini. Cela crée d'énormes problèmes pour la théorie de la relativité et une crise dans la physique moderne.

Pour créer la Relativité Générale, le principe d'égalité doit être utilisé.

Il découle du principe d'égalité que :

La force d'attraction gravitationnelle telle que définie par Newton **n'est pas** une force centrale. La force d'attraction gravitationnelle de Newton est une force agissant transversalement.

La loi de la gravitation de Newton n'est vraie que dans les limites du système solaire.

Alors l'énergie noire et la matière noire n'existent pas.

Il existe un nombre infini de **« lois de la gravité » différentes**, et ces lois se réalisent dans **un champ d'effort**.

Le champ d'effort est porteur des dérivées supérieures de la distance et du temps.

L'action *MUTUALISACTION* se déroule dans **le champ de l'effort**.

Traduction du slave - cyrillique bulgare vers l'anglais :

| ВЗАИМНОДЕЙСТВИЕ = MUTUALISACTION |

2. ZONE DE DÉFINITION.

Une analyse des lois fondamentales de la Physique sera réalisée. Pour effectuer correctement l'analyse, il est nécessaire de créer une zone de définition adaptée. Le domaine définitionnel se compose de quatre principes axiomatiques et d'une catégorie philosophique.

Des principes:

1- La réalité **existe**.

2- La réalité est **réfléchissante**.

3- La réalité est **infinie**.

4- La réalité est unique, unique.

Catégorie philosophique :

Le concept de **Réalité Infinie Unique** est une catégorie philosophique.

Explications :

- Le concept de **Réalité Infinie Unique** est une catégorie philosophique qui sert à désigner l'unité de la conscience et de la matière.

-**L'existence** est une catégorie indépendante de la philosophie des sciences. Les non-philosophes opposent généralement de manière antagoniste la catégorie de l'existence à la catégorie de la non-existence. On répond généralement que ce qui n'existe pas s'appelle rien. L'étape suivante consiste à analyser les catégories **rien** et **quelque chose**. L'analyse de ces deux catégories est extrêmement difficile et les conclusions sont erronées.

Dans l'hypothèse que je présente, **l'existence** ne s'oppose pas à la non-existence. L'existence est une catégorie supplémentaire à la catégorie **réflexion**.

L'existence et **la réflexion** sont une paire de catégories.

Dans l'hypothèse que je présente, l'existence et la réflexion ont été ajoutées aux paires de catégories de la Dialectique de Hegel.

Voir Hegel, Phénoménologie de l'esprit.

Voir Todor Pavlov, « Théorie de la réflexion ».

- La catégorie **Infini** sert à indiquer la quantité infinie de qualités existantes.

- La catégorie **Single** sert à indiquer le caractère unique de **l'universel**.

La catégorie **Unique** est présente dans le système de Logique Dialectique de Hegel.

La catégorie **Singulier** fait partie des trois catégories de Hegel : **singulier**, **spécial**, **général**. Voir Hegel, Phénoménologie de l'esprit.

3. PRINCIPE D'ÉQUIVALENCE.

Le principe d'équivalence a été défini par Albert Einstein. Einstein a utilisé le principe d'équivalence pour créer la théorie de la relativité générale. Le principe d'équivalence stipule que :

-les masses lourdes et inertes de tout corps physique sont égales et que :

- le mouvement d'un corps avec accélération dans un champ gravitationnel équivaut à un mouvement rectiligne uniforme .

Ce sont deux faits importants qui constituent les fondements de la théorie de la relativité générale. J'utiliserai des chiffres pour expliquer ces deux faits. Je commence par expliquer l'égalité de la masse lourde et inertielle.

Voir la figure 1.

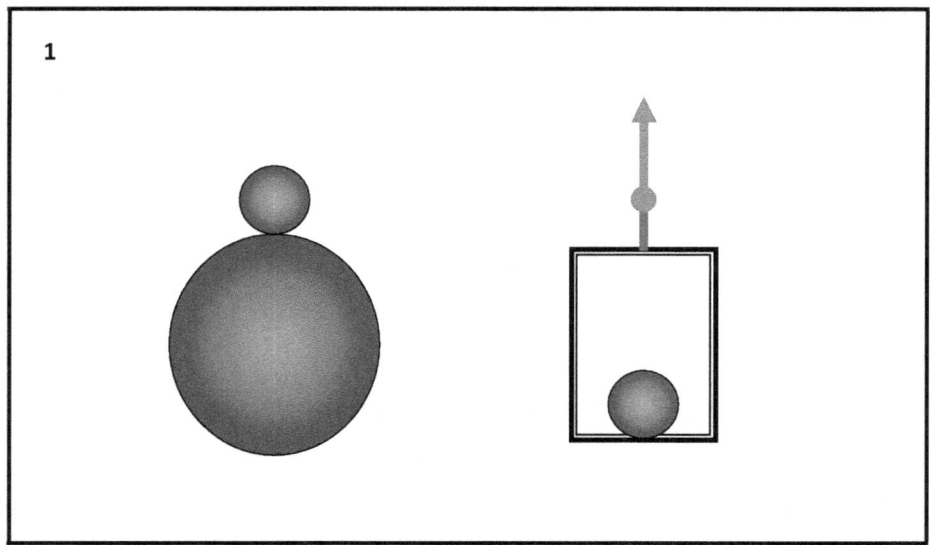

Dans la partie gauche de la figure 1, deux sphères, petite et grande, sont représentées. La petite sphère est placée au-dessus de la grande sphère. Dans la partie droite de la première figure, un ascenseur est représenté, et encore une fois, la même petite sphère placée au bas de l'ascenseur.

L'ascenseur et la petite sphère sont situés dans l'espace, où aucune force gravitationnelle n'agit.

La grande sphère est la planète Terre. La petite sphère est un corps d'essai situé à la surface de la planète Terre. La petite sphère a un certain poids appelé **masse lourde**. La petite sphère qui se trouve à la surface de la planète Terre est exactement la même que la petite sphère placée au bas de l'ascenseur. L'ascenseur est attaché à une corde marron. Au bout de la corde marron, une force rouge agit et tire l'ascenseur dans la direction indiquée. La force appliquée à l'extrémité de la corde est d'une telle ampleur que l'ascenseur se déplace avec une accélération égale à neuf mètres entiers et huit dixièmes par seconde carrée. Lorsque l'ascenseur se déplace dans la direction indiquée avec une accélération égale à neuf huit dixièmes de mètre par seconde carrée, la petite sphère au bas de l'ascenseur aura du poids. Ce poids est appelé **masse inertielle**.

La masse lourde de la petite sphère située à la surface de la planète Terre est égale à la **masse inertielle** de la petite sphère située au bas de l'ascenseur.

Voir la figure 2.

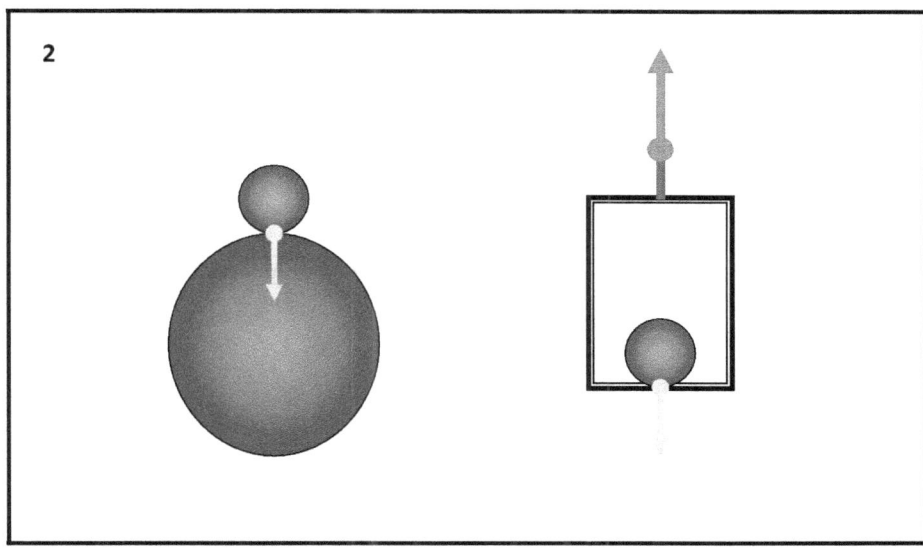

La figure 2 montre la petite sphère à la surface de la planète Terre, appuyant sur la surface de la Terre par sa **lourde masse**. La flèche verte est la force de pression. L'illustration montre la petite sphère de l'ascenseur poussant le bas de l'ascenseur à travers sa **masse inertielle**. La flèche verte sous l'ascenseur indique l'ampleur et la direction de la poussée. Les deux petites sphères sont identiques, la longueur des flèches vertes est la même, ce qui signifie que **la gravité et la masse inertielle** de la petite sphère sont les mêmes.

La raison de l'égalité des **masses lourdes et inertielles** est le fait que l'accélération gravitationnelle de la Terre est égale à neuf huit dixièmes de mètre entier par seconde au carré, et l'accélération avec laquelle l'ascenseur se déplace dans la direction verticale est également égale à neuf huit dixièmes de mètres entiers, par seconde par carré.

Bref, **la masse lourde** est toujours égale à **la masse inertielle**.

On peut vérifier l'égalité de la masse lourde et de la masse inertielle. Nous utilisons deux balances précises.

Voir la figure 3.

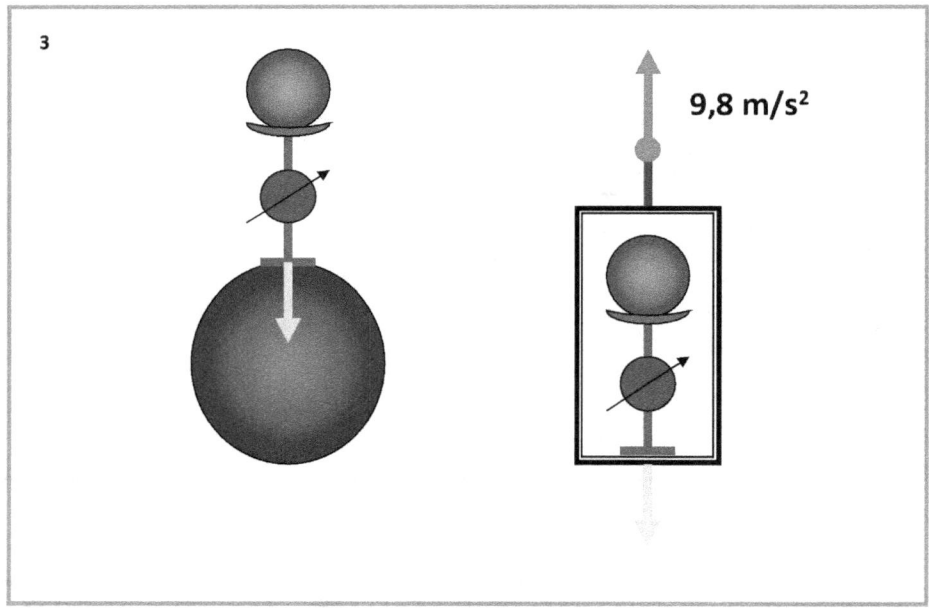

La figure 3 montre deux échelles identiques. La balance a un affichage bleu pour la lecture du poids, une base marron et une plaque de support marron.

Regardez le côté gauche de l'image. La base de l'échelle se trouve à la surface de la Terre. Au-dessus de l'échelle est placée la petite sphère. La flèche noire indique le poids de la petite sphère. Une balance placée à la surface de la Terre mesure **la lourde masse** de la petite sphère.

La même balance est placée au bas de l'ascenseur. La petite sphère est placée sur la balance. La flèche noire indique le poids de la petite sphère. La balance dans l'ascenseur mesure **la masse inertielle** de la petite sphère. Les flèches noires sur les deux échelles indiquent un poids égal. **La masse lourde** de la petite sphère est égale à **la masse inertielle** de la petite sphère. Les bases des deux écailles s'appuient de manière égale. Les deux flèches vertes situées sous la base des écailles ont la même longueur.

Le deuxième fait important du principe d'équivalence est le suivant :

- le mouvement d'un corps avec accélération dans un champ gravitationnel équivaut à un mouvement rectiligne uniforme.

Pour expliquer ce fait, nous allons mener une expérience de pensée, avec un ascenseur et un passager qui se déplace avec l'ascenseur. Malheureusement, à un moment donné, la corde se casse.

Voir la figure 4.

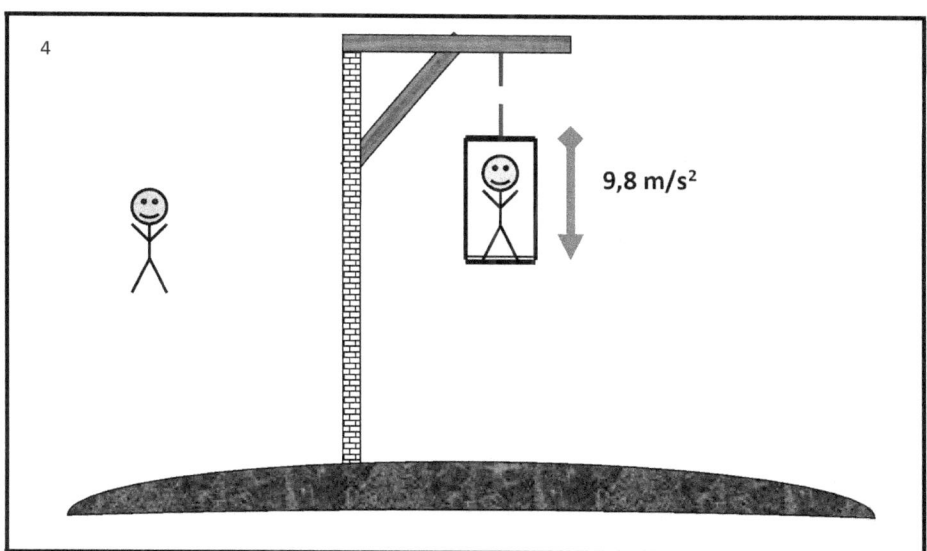

Sur la figure 4, est représentée une partie de la surface terrestre, un support vertical solide sur lequel est fixée une poutre horizontale. L'ascenseur est attaché à la poutre. La corde est cassée. Pour notre considération, il n'est pas important que l'ascenseur soit en mouvement ou au repos au moment où le câble s'est rompu. Ce qui est important, c'est que l'ascenseur commence à tomber vers la surface de la Terre et se déplace avec une accélération de neuf huit dixièmes de mètre par seconde carrée. La raison de cette chute avec accélération est que l'ascenseur et son passager se trouvent dans le champ gravitationnel de la Terre et subissent l'action de la force d'attraction gravitationnelle de la Terre. L'ascenseur n'a pas de fenêtres et le passager dans l'ascenseur ne peut pas savoir qu'il se déplace avec accélération. Le passager dans l'ascenseur est en état d'apesanteur. Le passager dans l'ascenseur sera convaincu qu'il est dans un état de repos ou de mouvement rectiligne uniforme, et qu'aucune force agissant sur lui ne provoque une accélération. Un deuxième observateur se trouve à l'extérieur de l'ascenseur et voit que l'ascenseur se déplace avec accélération. L'observateur à l'extérieur de l'ascenseur ne peut pas convaincre le passager à l'intérieur de l'ascenseur que celui-ci se déplace avec accélération vers la surface de la terre.

Il convient de noter qu'Einstein a mené des expériences de pensée similaires avec les ascenseurs pour clarifier la nature des référentiels inertiels et non inertiels. Ces expériences de pensée ont aidé Einstein à définir le principe d'équivalence.

Einstein a utilisé **le principe d'équivalence** pour créer la théorie de la relativité générale.

La Relativité Générale est une théorie du temps et de l'espace. La théorie de la relativité générale montre ce que sont les lois de la mécanique et comment les lois de la mécanique fonctionnent dans des référentiels non inertiels. Les systèmes de référence non inertiels sont les systèmes de coordonnées qui sont en mouvement avec accélération. La physique moderne et Einstein affirment que le mouvement accéléré est absolu et diffère donc du mouvement relatif. La différence entre le mouvement absolu avec accélération d'une part et le mouvement relatif uniforme d'autre part est un très gros problème qui ne permet pas de créer la théorie de la relativité générale. Le problème est résolu par le principe d'équivalence

Les lois du mouvement relatif uniforme sont un principe de la théorie de la relativité restreinte. De l'histoire de la physique, nous savons qu'Einstein a d'abord créé la théorie de la relativité restreinte, puis la théorie de la relativité générale.

La Relativité Spéciale, comme la Relativité Générale, est une théorie du temps et de l'espace. Mais contrairement à la relativité générale, la relativité restreinte montre ce que sont les lois de la mécanique et comment elles fonctionnent dans des référentiels inertiels. Les systèmes de référence inertiels sont des systèmes de coordonnées qui sont au repos ou dans un état de mouvement rectiligne uniforme.

Le 11 juillet 1923, Albert Einstein prononça un discours à Göteborg, devant la réunion des naturalistes des pays nordiques, sur le thème : "Grundgedankenund und probleme der Relativatatstheorie".

Le rapport a été publié dans l'ouvrage : "Les Prix Nobel en 1921-1922" Stockholm, Imprimerie Royale, PA Norstedt & Soner.

Dans ce rapport, Einstein dit :

"En mécanique classique, la distinction entre les mouvements accélérés et non accélérés est absolue. Il n'y a que des vitesses relatives selon le choix du référentiel inertiel, et les accélérations et rotations sont absolues, indépendantes du choix du référentiel inertiel.

Il y a plus de cent ans, Einstein a attiré l'attention des chercheurs sur la différence essentielle entre le mouvement relatif et le mouvement absolu. La différence entre le mouvement absolu et le mouvement relatif est un obstacle à la création d'une théorie de la relativité générale. Einstein a essayé de résoudre le problème en assimilant le mouvement absolu avec accélération au mouvement relatif avec vitesse constante. Philosophiquement parlant, c'est une erreur. Einstein aurait dû aller dans l'autre sens, à savoir assimiler le mouvement relatif à vitesse constante au mouvement absolu à accélération constante. Pour que cela se produise, Einstein doit représenter, montrer, exprimer un mouvement relatif à vitesse constante par un mouvement absolu à accélération constante.

Einstein a utilisé le principe d'équivalence pour assimiler le mouvement absolu à l'accélération, qui est un principe de la relativité générale, au mouvement relatif, qui est un principe de la relativité restreinte.

C'est ce que dit Einstein dans le livre « Evolution of Ideas in Physics » :

"**La véritable physique relativiste doit s'appliquer à tous les systèmes de coordonnées, et donc aussi au cas particulier d'un système de coordonnées inertiel.** Les nouvelles lois **généralisées**, valables pour tous les systèmes de coordonnées, **doivent être** réduites aux **anciennes** lois familières, **dans le cas particulier** d'un système inertiel.

Le texte en bleu est :

"Les nouvelles les lois **valables** pour tous les systèmes de coordonnées **sont** réduites à lois, d'un système inertiel.

Selon Einstein, **les nouvelles lois de la physique** s'appliquent aux systèmes de coordonnées qui se déplacent avec accélération.

Le principe d'équivalence est utilisé pour amener le mouvement absolu en mouvement relatif, mais cela ne suffit pas. Un autre fait très important est utilisé.

Un système de coordonnées inertielle qui entre dans un champ gravitationnel commence à se déplacer avec accélération, mais pour les observateurs qui se trouvent sur ce système de coordonnées inertielle, rien ne change.

Les observateurs ne ressentent pas le mouvement avec l'accélération. Les observateurs sont convaincus que leur système de coordonnées continue d'être inertiel et qu'il continue de se déplacer uniformément et en ligne droite.

C'est ce que dit Einstein dans le livre « Evolution of Ideas in Physics » :

« **Mais pour une telle description, il faut tenir compte de la gravité, en construisant, pour ainsi dire, le pont qui permet de passer d'un système de coordonnées à un autre. Le champ gravitationnel existe pour l'observateur externe, mais il n'existe pas pour l'observateur interne.** »

Et puis:

"**Mais le pont, c'est-à-dire le champ gravitationnel, qui permet la description dans deux systèmes de coordonnées différents, repose sur un pilier très important : l'égalité des masses lourdes et inertielles. Sans ce fil conducteur, passé inaperçu dans la mécanique classique, notre raisonnement actuel serait complètement faux** ».

L'égalité des masses lourdes et inertielles et le mouvement d'un référentiel inertiel dans un champ gravitationnel sont deux des idées merveilleuses d'Einstein. Einstein a utilisé ces deux idées pour réduire le mouvement absolu avec accélération au mouvement inertiel relatif. C'est la voie qu'Einstein a empruntée et a ainsi créé la théorie de la relativité générale.

D'un point de vue philosophique, la méthode d'Einstein fait l'objet de sérieuses critiques. Einstein aurait dû faire exactement le contraire, à savoir essayer de réduire le mouvement inertiel relatif à un mouvement absolu avec accélération.

Dans l'hypothèse que je présente, vous et moi ferons exactement cela.

À cette fin, nous analyserons les lois physiques fondamentales et tirerons des conclusions sur l'essence de ces lois.

4. PREMIÈRE LOI DE NEWTON.

En 1868, Newton publie le livre

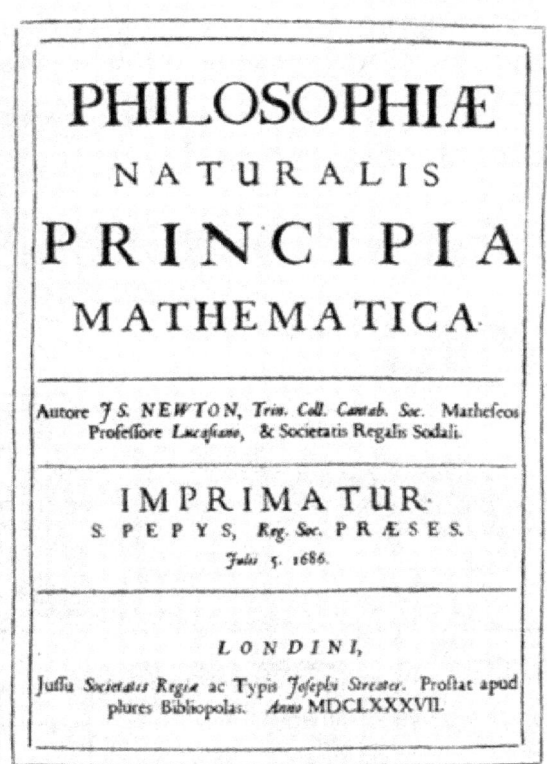

dans lequel sont définies les lois fondamentales de la physique. Le titre du livre :

> **PHILOSOPHIAE NATURALIS PRINCIPIA MATHEMATICA**

,

est traduit en cyrillique slave-bulgare, comme suit :

> „Математически принципи на физиката"

Les lois de Newton sont étudiées à l'école et sont connues sous le nom de « trois lois de Newton ».

En latin, la première loi de Newton s'écrit ainsi :

> „Corpus omne perseverare in statu suo quiescendi vel movendi uniformiter in directum, nisi quatenus illud a viribus impressis cogitur statum suum mutare"

La traduction du latin en cyrillique slave-bulgare s'écrit comme suit :

> „Всяко тяло продължава да запазва своето състояние на покой или равномерно праволинейно движение, докато и доколкото, то не е принудено да промени това състояние, от приложените сили"

La traduction du latin vers l'anglais s'écrit probablement ainsi :

> "Every body continues to be held in its state of rest, or uniform and rectilinear motion, until and insofar as it is compelled by applied forces to change this state."

Du latin vers le russe, il y a une traduction faite par l'académicien Krylov dans le livre :

> ИСААК НЬЮТОН
>
> «МАТЕМАТИЧЕСКИЕ НАЧАЛА НАТУРАЛЬНОЙ ФИЛОСОФИИ»
>
> ПЕРЕВОД С ЛАТИНСКОГО И КОММЕНТАРИИ А.Н. КРЫЛОВА

La traduction en russe s'écrit ainsi :

> "Всякое тело продолжает удерживаться в своем состоянии покоя или равномерного и прямолинейного движения, пока и поскольку оно не понуждается приложенными силами изменять это состояние"

Première loi de Newton :

"Tout corps continue de conserver son état de repos ou de mouvement rectiligne uniforme, jusqu'à ce et dans la mesure où il est obligé de changer cet état par des forces appliquées."

C'est délibérément que je montre la traduction du latin, dans différentes écritures.

La raison en est que ce que dit Newton est très important. La façon dont il le dit est importante.

À savoir:

La première loi de Newton se compose de deux parties. La première partie de la loi de Newton détermine l'état du corps dans l'espace et dans le temps lorsqu'aucune « **force n'est appliquée » au corps** . Newton a affirmé que lorsqu'il est sur le corps, **il n'agit pas "force appliquée"** , l'état possible du corps est soit le repos, soit un mouvement rectiligne uniforme. Newton n'explique pas comment se produisent le repos ou le mouvement. Pour Newton, le fait que ces deux états restent constants à la fois dans le temps et dans l'espace est important. La méthode de sauvegarde des deux états est la même. Cela signifie que la raison du maintien de l'état de repos ou de l'état de mouvement est la même. Lorsque **la cause de la préservation** de ces deux états différents est la même, alors supprimer la cause de la préservation changera le reste ou le mouvement de la même manière.

Nous devons nous rappeler que la raison spécifique de la conservation du repos ou du mouvement, selon Newton, est **l'absence** de « **force appliquée** ».

une **"force appliquée"** se produit , l'état de repos ou de mouvement change. De cette façon , Newton confirme le fait que **la raison du maintien** de l'état de repos ou de mouvement est **l'absence d'action de la « force appliquée »** .

La première loi de Newton a jeté les bases de la science physique. D'un point de vue philosophique, la première loi de Newton a été fortement critiquée. La critique est liée à l'essence du phénomène du mouvement, et à l'essence du phénomène du repos :

La première loi de Newton ne fait pas de distinction entre l'état de repos d'un corps et l'état de mouvement rectiligne uniforme de ce même corps. Pour le dire brièvement et clairement, selon la première loi de Newton, l'état de repos est identique à l'état de mouvement, à condition que le mouvement soit uniforme et en ligne droite.

En science, en philosophie, le phénomène du mouvement et le phénomène du repos sont fondamentalement différents, et ces phénomènes ont des essences différentes. L'identité de ces phénomènes fondamentalement différents crée des problèmes pour toute la physique moderne. Ces problèmes peuvent être spécifiés dans diverses divisions de la physique. Un exemple typique à cet égard est la théorie de la relativité restreinte. Il s'agit du paradoxe des jumeaux. Le paradoxe des jumeaux, défini par Einstein, stipule que lorsque l'un des deux jumeaux se déplace uniformément et en ligne droite par rapport à l'autre jumeau, le jumeau en mouvement vieillit plus lentement car le temps **ralentit**. La seule raison du retard est le fait que ce jumeau est dans un état de mouvement relatif par rapport à l'autre jumeau. Cette hypothèse est drôle, intéressante, paradoxale, facile à retenir, et suscite l'intérêt d'une grande partie des lecteurs. Mais je tiens d'emblée à souligner que le véritable paradoxe des jumeaux n'est pas le fait qu'il existe une différence d'âge entre les jumeaux. Le véritable paradoxe des jumeaux se résume au fait que chaque jumeau peut prétendre vieillir plus lentement et rester plus jeune, tandis que l'autre vieillit plus vite. La raison de ce malentendu réside dans la première loi de Newton. Je souligne encore une fois que la première loi de Newton ne fait pas de distinction entre l'état de repos et l'état de mouvement rectiligne uniforme.

Voir la figure 5.

Sur la figure 5, deux jumeaux et une plate-forme sont représentés. La plateforme est équipée de roues et peut se déplacer. Le jumeau qui se trouve à droite de la figure a marché sur la plateforme. La plate-forme, ainsi que le jumeau qui se trouve dessus, se déplacent de gauche à droite, uniformément en ligne droite, à une certaine vitesse. La direction et l'ampleur de la vitesse sont indiquées par une flèche bleue. Le jumeau sur la plateforme dit à l'autre :

"Je me dirige vers toi, stable et droit, et je vieillis plus lentement."

Mais l'autre jumeau, qui se trouve sur le côté gauche de la figure, objecte :

« Oh non, ce que tu dis n'est pas vrai, j'avance vers toi. Je t'observe attentivement et je vois que tu t'éloignes de moi à une vitesse constante".

Le jumeau droit répond :

"Je suis sur une plateforme, et les roues de cette plateforme tournent, donc je suis en mouvement par rapport à vous."

Le différend semblait donc déjà réglé, en faveur d'un jumeau ?

Oui, c'est résolu, mais les conditions de l'expérience sont violées. Nous menons une expérience qui, par condition, vise à prouver uniquement et uniquement le mouvement relatif, uniforme, rectiligne des jumeaux les uns par rapport aux autres. Les roues de la plate-forme tournent et leur mouvement de rotation n'est pas uniforme, il n'est pas rectiligne. Selon la physique moderne, le mouvement de rotation des roues est absolu et elles doivent être exclues de l'expérience que nous menons. Le paradoxe des jumeaux renvoie, uniquement et uniquement, à un **état de mouvement relatif, à vitesse constante, en ligne droite**.

La véritable expérience ressemblera à ceci.

Voir la figure 6.

Sur la figure 6, les deux jumeaux et les deux plates-formes sont représentés. Les jumeaux sont sur les quais. Les plates-formes n'ont pas de roues car elles se trouvent dans l'espace. Les deux plates-formes et les jumeaux sont en état d'apesanteur. La plate-forme de droite, ainsi que le jumeau qui s'y trouve, se déplacent en ligne droite uniforme. La flèche bleue montre la direction de la vitesse et l'amplitude de la vitesse. C'est désert, complètement vide, et les jumeaux peuvent déterminer la vitesse les uns par rapport aux autres simplement en s'observant. Dans ces conditions, chacun des jumeaux peut affirmer qu'il bouge tandis que l'autre est au repos.

Chacun des jumeaux peut utiliser des appareils de mesure pour déterminer la vitesse relative de l'autre jumeau. Par exemple, des compteurs de vitesse laser modernes peuvent être utilisés.

Voir la figure 7.

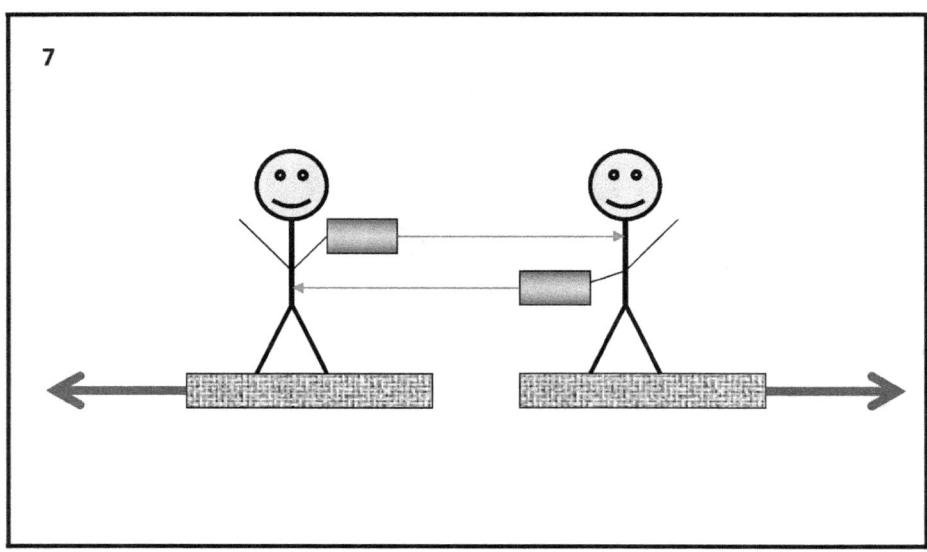

La figure 7 montre les jumeaux utilisant des compteurs de vitesse laser. Les fines flèches rouges sont des faisceaux de lumière laser. Dans ce cas, chacun des jumeaux sera mesuré comme se déplaçant uniformément et en ligne droite par rapport à l'autre jumeau. La vitesse mesurée par les jumeaux sera la même, mais la direction de la vitesse qu'ils mesurent sera opposée.

Le jumeau de droite prétendra se déplacer de gauche à droite, le jumeau de gauche prétendra se déplacer de droite à gauche.

Les deux flèches bleues indiquent la direction de la vitesse mesurée. La longueur des flèches indique l'ampleur de la vitesse mesurée.

Faites particulièrement attention au fait que la taille des flèches est la même, mais que les directions sont diamétralement opposées.

Placés dans ces conditions, les jumeaux ne peuvent déterminer lequel des deux est au repos et lequel est en mouvement. Voici un autre paradoxe. On voit que le paradoxe des jumeaux se compose de deux parties, qui sont deux paradoxes fondamentalement différents.

Le premier paradoxe est qu'un jumeau vieillit plus vite que l'autre. C'est le paradoxe d'Einstein.

Le deuxième paradoxe est qu'il est en principe impossible de prouver lequel des deux jumeaux est au repos et lequel est dans un état de mouvement rectiligne uniforme.

D'un point de vue philosophique, le deuxième paradoxe est extrêmement intéressant et revêt une importance particulière. C'est ce qu'on appelle **le paradoxe du mouvement et du repos.** Le paradoxe des jumeaux, souligné par Einstein, est un cas particulier du **paradoxe du mouvement et du repos.**

La seule raison de l'apparition et de l'existence du **paradoxe du mouvement et du repos** est que la première loi de Newton est définie de telle manière qu'elle ne fait pas de distinction entre l'état de repos et l'état de mouvement rectiligne uniforme. **Le paradoxe du mouvement et du repos** est comme un démon maléfique vivant dans les fondements de la physique moderne. Ce démon influence toute la science humaine.

5 . DEUXIÈME LOI DE NEWTON.

En latin, la deuxième loi de Newton s'écrit ainsi :

„Mutationem motus proportionalem esse vi motrici impressae et fieri secundum lineam rectam qua visilia imprimitur".

En cyrillique bulgare slave :

„Изменението на количеството на движение, е пропорционално на приложената движеща сила и се извършва по тази права по която тази сила действа"

En anglais:

> "The change in momentum is proportional to the applied driving force and occurs in the direction of the straight line along which this force acts"

En russe :

> „Изменение количества движения пропорционально приложенной движущей силе и происходит по направлению той прямой, по которой эта сила действует"

Deuxième loi de Newton :

"La variation de l'ampleur du mouvement est proportionnelle à la force motrice appliquée et s'effectue en fonction du droit sur lequel agit cette force" .

Dans son ouvrage magnum, Philosophiae Naturalis Principia Mathematica, Newton a défini la deuxième loi de la physique dans laquelle il a montré la relation entre les grandeurs physiques. La première quantité est **la quantité de mouvement**, la deuxième quantité est **la force motrice appliquée**. La relation entre la **quantité de mouvement** et la quantité de **force motrice appliquée** se réduit à deux phénomènes spécifiques.

Le premier phénomène est **la proportionnalité** entre la quantité de mouvement et la force appliquée.

Le deuxième phénomène est **un changement dans la quantité de mouvement** .

Newton signifie que la quantité de mouvement est directement proportionnelle à la force et est directement proportionnelle à la force motrice.

Telle qu'elle est formulée, la deuxième loi de la physique indique que, pour Newton, **la force motrice appliquée** est le phénomène qui **provoque le phénomène de changement** de **quantité de** mouvement. Notez le fait que, ainsi dit, cela indique la présence de quatre grandeurs physiques différentes.

Le premier est la force appliquée.

La seconde est une force motrice.

Le troisième est la quantité de mouvement.

Le quatrième est un changement dans la quantité de mouvement.

Les nouvelles grandeurs physiques sont au nombre de quatre, mais pour Newton, le plus important est que **la force provoque l'** apparition du **changement** dans la quantité de mouvement . Ce fait est confirmé dans la deuxième partie de la définition de la loi physique, en latin :

"…et fieri secundum lineam rectam qua visilia imprimitur".

En cyrillique bulgare slave :

> „...и се извършва по тази права по която тази сила действа".

En anglais:

> „...and occurs in the direction of the straight line along which this force acts"

En russe:

> „...и происходит по направлению той прямой, по которой эта сила действует"

Traduction du cyrillique slave-bulgare vers une autre langue :
"... et cela se fait par le droit par lequel ce pouvoir agit" .

Newton dit brièvement et clairement que **le changement** dans la quantité de mouvement se produit en ligne droite et a une direction. La direction du changement dans l'ampleur du mouvement coïncide avec la direction de la force agissante. Cela étant dit, c'est extrêmement important.

La définition de Newton est parfaite. Je dis cela parce que dans la physique moderne, la définition de Newton est présentée d'une autre manière et la perfection disparaît.

En physique moderne, la deuxième loi de Newton s'écrit :

"La force est égale au produit de la masse du corps par l'accélération du corps."

Ainsi définie, la deuxième loi de Newton subit de sérieuses critiques, du point de vue de la philosophie des sciences. La critique philosophique porte sur la subordination des trois quantités physiques qui représentent trois phénomènes différents dans la Réalité Infinie Unique.

Les trois phénomènes sont : Force, Masse, Accélération.

Voir la figure 8.

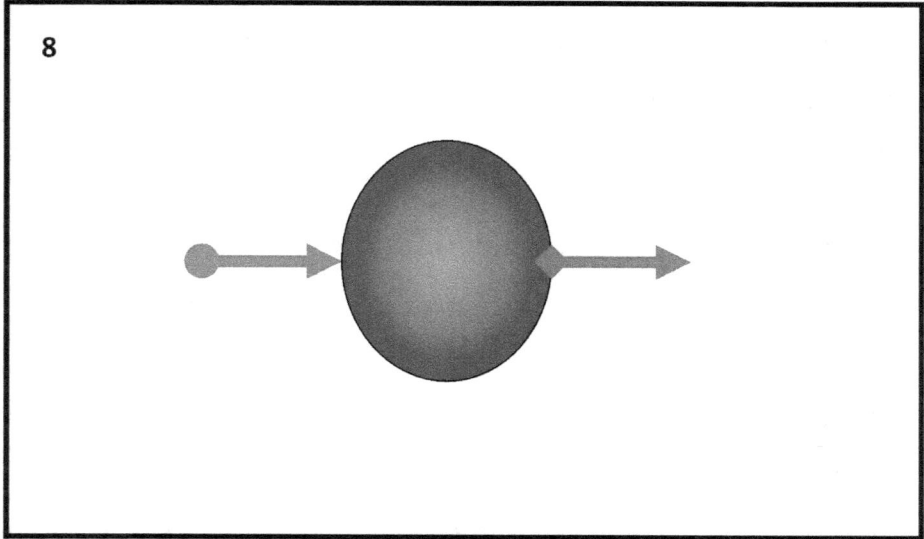

Sur la figure 8, on voit une sphère qui a une certaine masse. La taille de la masse dans le cas spécifique n'a pas d'importance.

Une force est appliquée à la sphère. La force est indiquée par une flèche rouge. La longueur de la flèche rouge indique l'ampleur de la force. Sous l'action de la force rouge, la sphère se déplace avec accélération. L'accélération est indiquée par une flèche verte. La longueur de la flèche verte indique l'ampleur de l'accélération. L'ampleur de la force agissant sur la sphère peut être très différente. Si nous utilisons deux fois cette force, alors l'accélération de la sphère sera deux fois plus grande.

Voir la figure 9.

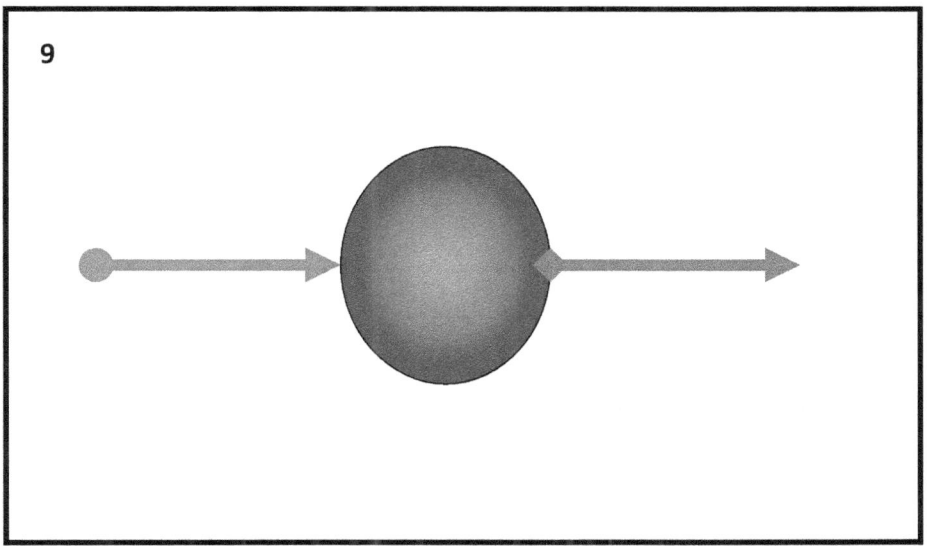

Dans la figure 9, il est montré que la force rouge est deux fois plus grande que la force de la figure quatre, puis l'accélération est également deux fois plus grande. La flèche verte illustrée dans la figure cinq est deux fois plus grande que la flèche verte de la figure quatre précédente.

Nous pouvons également modifier la taille de la sphère. Si nous utilisons deux fois la taille de la sphère et ne modifions pas l'amplitude de la force, alors l'accélération sera deux fois plus petite.

Voir la figure 10.

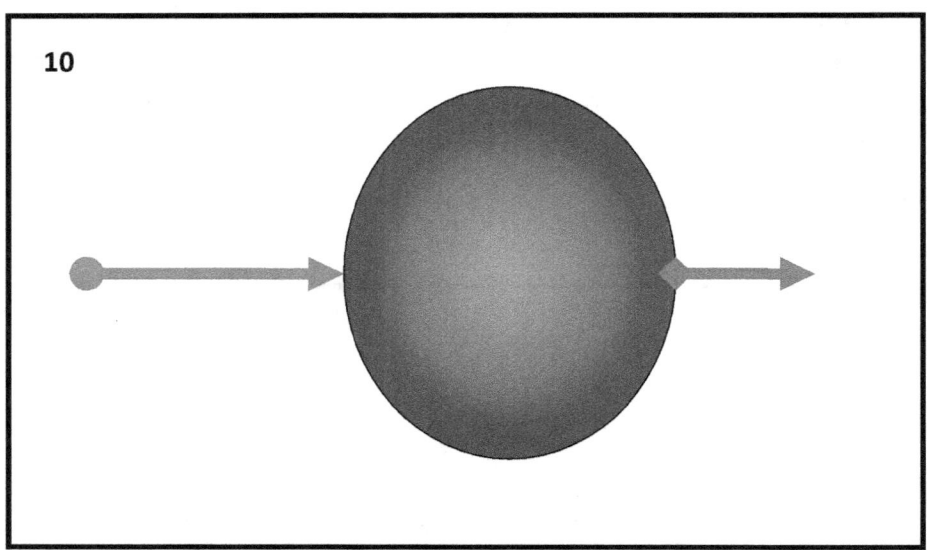

La figure 10 montre une sphère deux fois plus grande et deux fois plus lourde. La force rouge n'est pas modifiée, mais l'accélération, qui est la flèche verte, est deux fois plus faible que le chiffre cinq précédent.

Nous sommes capables de réaliser diverses combinaisons entre la force, le poids de la sphère et l'accélération de la sphère. Toutes les combinaisons possibles entre ces trois grandeurs physiques seront en accord avec la deuxième loi de Newton telle que représentée par la physique moderne, à savoir :

La force est égale au produit de la masse de la sphère par l'accélération de la sphère.

La question philosophique de la deuxième loi de Newton est la suivante :

Laquelle de ces trois grandeurs physiques est primaire ?

Différentes réponses sont possibles.

La première des réponses possibles est que la Force est primordiale. Car si l'on observe une sphère sur laquelle aucune force n'est appliquée, la sphère ne se déplacera pas avec accélération, la sphère sera au repos. Nous appliquons une force à la sphère, puis une accélération de la sphère se produit. Par conséquent, la force est la chose qui doit apparaître en premier pour que l'accélération apparaisse en second. La force provoque une accélération.

Mais ici, la philosophie pose immédiatement la question suivante, à savoir :

Comment apparaît le pouvoir ?

La réponse est que pour qu'apparaisse une force capable d'agir sur la sphère, un certain mouvement est nécessaire. Le mouvement peut être uniformément rectiligne ou accéléré. Il pourrait s'agir d'une autre sphère se déplaçant uniformément en ligne droite, ou se déplaçant avec accélération, vers la sphère que nous expérimentons.

Voir la figure 11.

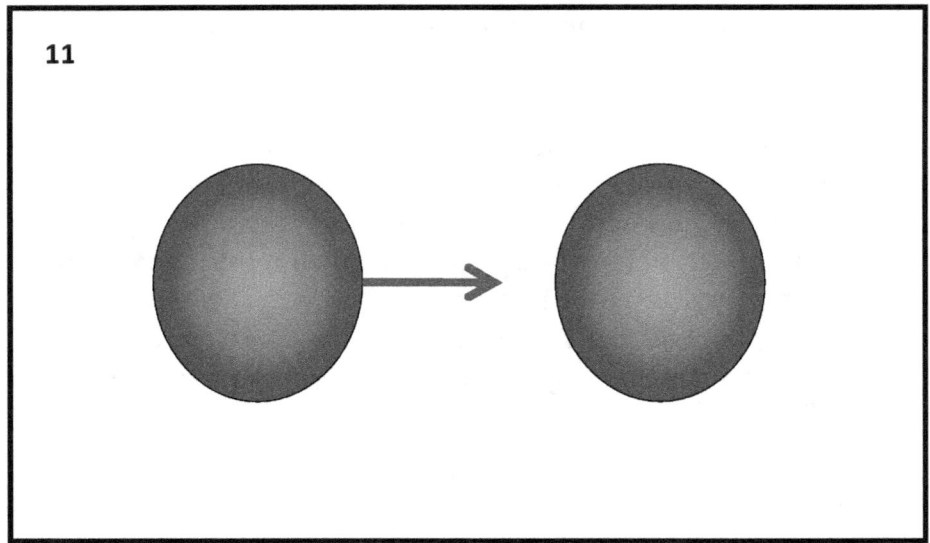

11

Sur la figure 11, deux sphères sont représentées. Celui de droite est au repos. La sphère gauche se déplace vers la droite avec une certaine vitesse. La direction de la vitesse et l'amplitude de la vitesse sont indiquées par une flèche bleue.

Voir la figure 12.

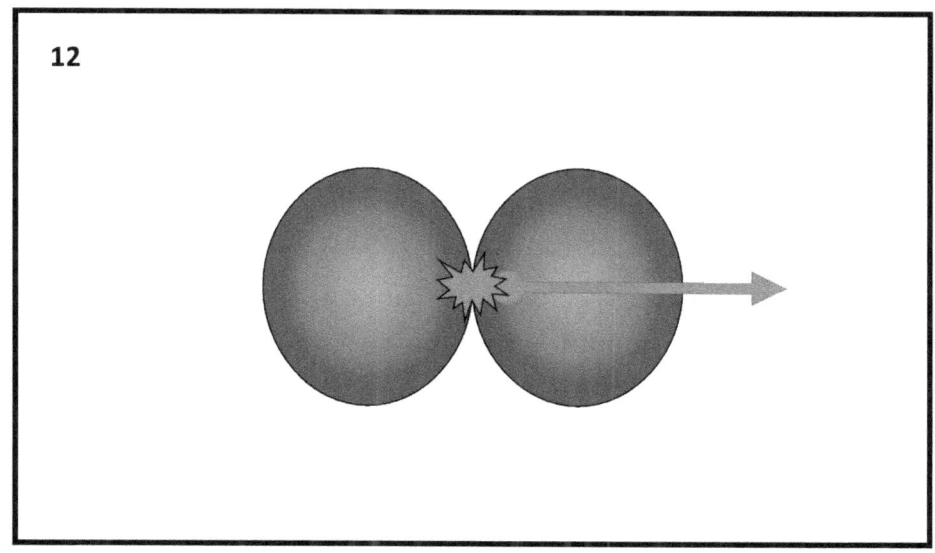

La figure 12 montre l'impact entre les deux sphères. Au moment de l'impact, des accélérations se produisent entre les atomes qui composent les sphères. L'éclat rouge montre les accélérations qui se produisent au niveau quantique. Ces accélérations donnent naissance à la force qui commence à pousser la sphère avec laquelle nous faisons des expériences.

Mais alors, peut-être que l'accélération est primordiale ?

Mais il ne faut pas oublier que pour qu'une accélération se produise, il faut toujours une action de force, appliquée à un corps possédant une certaine masse. On peut alors conclure que l'accélération n'est pas primordiale.

Une troisième réponse possible est que la masse de la sphère est une grandeur physique primaire. Parce que si nous modifions la masse de la sphère mais conservons l'ampleur de la force agissante, l'accélération changera. Nous pouvons conclure que le changement de masse de la sphère est la cause du changement d'accélération.

Mais pour co-créer le mouvement accélérateur de la sphère,

l'action d'une force est nécessaire. Si aucune force n'agit, la sphère ne bougera pas avec l'accélération.

Un cercle fermé est obtenu. Chacune de ces grandeurs physiques est la cause de l'apparition des deux autres, et cela par une dépendance physique rigoureusement prouvée. Cette dépendance physique est appelée la deuxième loi de Newton.

La physique moderne est incapable de déterminer laquelle de ces trois grandeurs physiques est primaire. Lorsque la primauté de l'une des trois grandeurs sera prouvée, alors ce sera la raison de l'apparition des deux autres grandeurs physiques. Pour l'instant, cela n'a pas été fait.

Il s'agit d'un problème sérieux de la physique moderne qui affecte l'ensemble de la science humaine.

La raison de ce problème est que la définition moderne de la deuxième loi de Newton diffère de la définition originale proposée par Newton. Au début de ce chapitre j'ai montré que selon Newton :

La « **force motrice appliquée** » provoque un « **changement** » dans la « **quantité de mouvement** ».

Ceci est très important et doit être rappelé.

6. TROISIÈME LOI DE NEWTON.

Troisième loi de Newton écrite en latin :

„Actioni contrariam semper et aequalem esse reactionem: sive corporum duorum actiones in se mutuo semper esse aequales et in partes contrarias dirigi"

Écrit en bulgare slave, cyrillique :

„Действието винаги е равно и противоположно на противодействието, иначе казано взаимодействията на две тела, едно върху друго, по между си, са равни и са насочени в противоположни посоки"

Écrit en russe :

„Действию всегда есть равное и противоположное противодействие, иначе — взаимодействия двух тел друг на друга между собою равны и направлены в противоположные стороны".

Écrit en anglais:

> „An action always has an equal and opposite reaction, otherwise the interactions of two bodies against each other are equal and directed in opposite directions".

Traduit du cyrillique bulgare slave dans une autre langue :

"L'action est toujours égale et opposée à la contre-action, c'est-à-dire que les interactions de deux corps, l'un sur l'autre, entre eux, sont égales et dirigées dans des directions opposées"

La loi est définie de manière concise et claire.

D'un point de vue philosophique, la troisième loi de Newton a fait l'objet de sérieuses critiques.

Il n'y a pas de conditions restrictives dans la définition de la loi. Les conditions limites indiquent quand la loi s'applique et quand elle ne s'applique pas. L'absence de conditions restrictives incite certains chercheurs à affirmer que la troisième loi de Newton constitue un principe physique.

L'absence d'un espace définitionnel montrant comment fonctionne le droit est une condition préalable à l'existence de spéculations qui rendent difficile une bonne compréhension de la nature du droit. De cette manière, l'idée apparaît que la force de contre-attaque n'existe pas et qu'elle est une force fictive.

L'essence du droit se révèle à travers les chiffres.

Voir la figure 13.

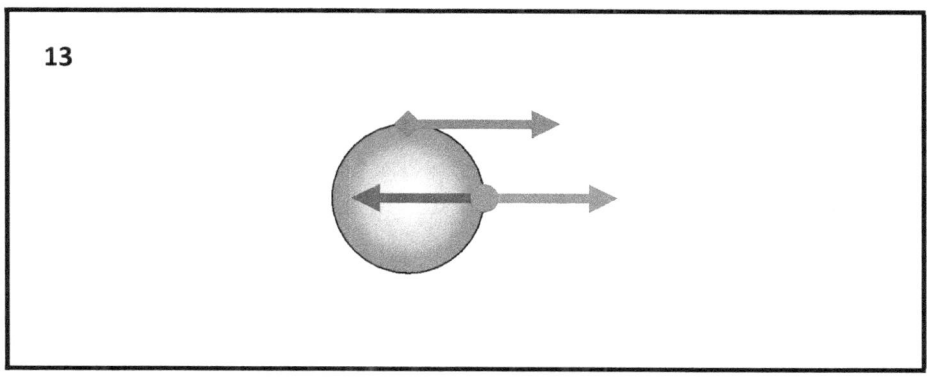

Sur la figure 13, une sphère est représentée ainsi que les forces agissant sur la sphère. Une force rouge est appliquée à la sphère, qui la tire vers la droite, et une force bleue, qui s'oppose à la sphère rouge. La force rouge tire sur la sphère et la sphère commence à se déplacer avec accélération. L'accélération est indiquée par une flèche verte. La direction de l'accélération coïncide avec la direction de la force de traction rouge.

Une force agissante peut être une force poussante. Cela dépend du point d'application de la force.

Voir la figure 14.

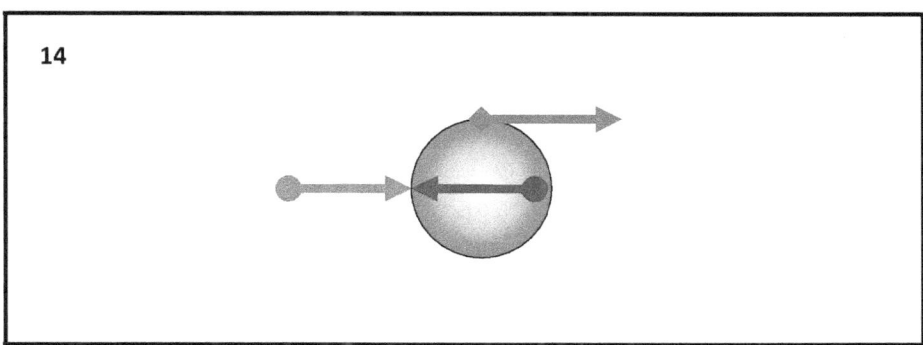

La figure 14 montre une force de poussée rouge et une force bleue qui s'oppose à la force rouge. La flèche verte montre la direction de l'accélération. Un cas d'action de force centrale est également possible.

Voir la figure 15.

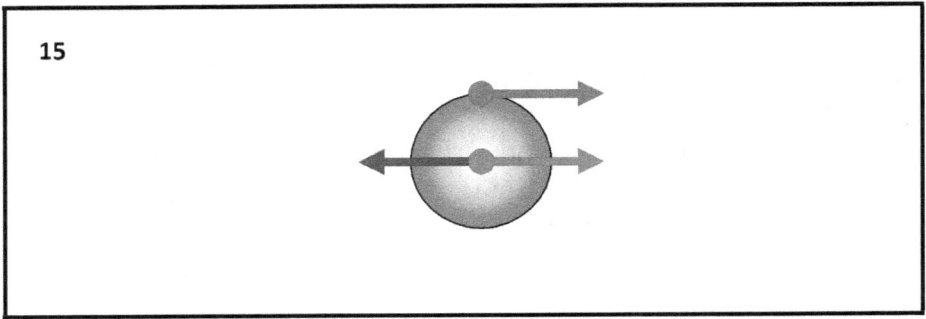

Dans la figure 15, une force de traction rouge agissant centralement est représentée et une force bleue neutralisant la force rouge. La flèche verte montre l'ampleur et la direction de l'accélération.

Certains lecteurs se demanderont peut-être : pourquoi est-ce que je décris ces choses élémentaires avec autant de détails ?

Ma réponse est la suivante :

Parce que ce livre s'adresse aux personnes qui n'ont pas de formation spécialisée en physique.

Parce que ces choses sont très importantes et doivent être bien comprises.

Parce que j'ai enseigné la physique, aussi bien aux enfants qu'aux adultes, et qu'ils prétendent tous connaître la troisième loi de

Newton et sont convaincus de la comprendre. Et tandis que la conversation se poursuit, certains d'entre eux concluent que la contre-force n'existe pas, que la contre-force est une force fictive et qu'elle est mise là pour des raisons de commodité.

Certains de mes étudiants, après avoir regardé la figure 15, disent ce qui suit :

"La puissance bleue est égale à la puissance rouge, et la puissance bleue est l'opposé de la puissance rouge. Ces deux forces s'annulent alors. La sphère ne peut donc pas se déplacer avec une accélération. Si la sphère se déplace avec accélération, alors la force bleue est fictive. Le bleu n'existe pas. La contre-mesure n'existe pas. Seule la force de traction rouge continue d'agir, et alors, d'après la deuxième loi de Newton, il s'ensuit que la sphère se déplace avec accélération. »

La question se pose : sur quoi repose une telle conclusion ?

La réponse réside dans le fait qu'il existe dans la science physique deux grandes divisions distinctes. C'est ce qu'on appelle la dynamique et la statique. Lorsqu'on mène des expériences de pensée physique, il faut toujours considérer sur laquelle de ces deux branches de la physique porte l'expérience particulière.

Voir figure 16

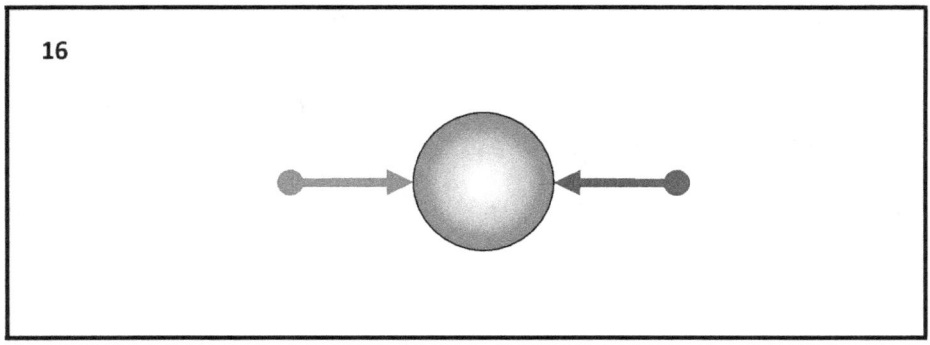

16

La figure 16 montre une sphère et deux forces agissant simultanément sur la sphère. La force bleue est égale à la force rouge et les deux forces sont dirigées l'une contre l'autre. Les forces bleues et rouges s'annulent et la sphère est soit au repos, soit en mouvement rectiligne uniforme. Il s'agit d'une expérience classique de la section statique de physique. Le chiffre douze présenté est très similaire aux chiffres treize, quatorze et quinze. La différence essentielle entre les deux figures est que les points d'application des forces sont deux différents. La puissance bleue a son propre point d'application, qui est différent du point d'application de la puissance rouge. Lorsque nous analysons la troisième loi de Newton, la force d'action et la force de réaction ont le même point d'application, comme le montre la figure onze. Ce fait est très important, et pour le comprendre, il faut lire ce que dit Newton dans son livre "Principes mathématiques de physique".

"Si quelque chose appuie sur quelque chose d'autre ou tire dessus, alors il est lui-même écrasé ou tiré par ce dernier. Si l'on appuie sur une pierre avec son doigt, alors son doigt est également pressé par la pierre. Si le cheval traîne une pierre attachée à une corde, alors, inversement (pour ainsi dire), il tire sur la pierre avec le même effort, car une corde tendue, de par son élasticité, produit la même force sur le cheval contre la pierre, et sur la pierre jusqu'au cheval, et autant cette corde

empêche le cheval d'avancer, autant elle fait avancer la pierre ».

En cyrillique slave-bulgare :

„Ако нещо притисне нещо друго или го дърпа, то самото то се смачква или издърпва от това последното. Ако някой натисне камък с пръста си, тогава неговият пръст също е притиснат от камъка. Ако конят влачи камък, вързан за въже, тогава, обратно (така да се каже), той се дърпа към камъка с еднакво усилие, защото опънато въже, поради своята еластичност, произвежда същата сила върху коня към камъка и на камъка към коня и колкото това въже пречи на коня да върви напред, толкова и кара камъка да върви напред".

En anglais:

„If something presses on something else or pulls it, then it itself is crushed or pulled by this latter. If someone presses a stone with his finger, then his finger is also pressed by the stone. If a horse drags a stone tied to a rope, then, back (so to speak), it is pulled towards the stone with equal effort, because the stretched rope, by its elasticity, produces the same force on the horse towards the stone and on the stone towards the horse, and as much as this rope prevents the horse from moving forward, so much does it impel the stone to move forward"

En russe:

„Если что-либо давит на что-нибудь другое или тянет его, то оно само этим последним давится или тянется. Если кто нажимает пальцем на камень, то и палец его также нажимается камнем. Если лошадь тащит камень, при-вязанный к канату, то и, обратно (если можно так выразиться), она с равным усилием оттягивается к камню, ибо натянутый канат своею упругостью производит одинаковое усилие на лошадь в сторону камня и на камень в сторону лошади, и насколько этот канат препятствует движению лошади вперед, настолько же он побуждает движение вперед камня"

À l'aide de quelques chiffres, je montrerai ce qu'est l'action et ce qu'est la contre-attaque.

Voir la figure 17.

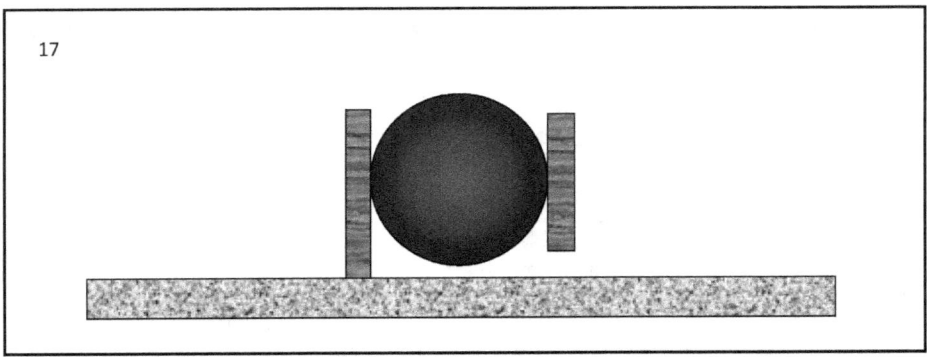

La figure 17 montre une balle en caoutchouc bleue. Le ballon est situé entre deux planches lumineuses, planches. La planche de gauche est solidement fixée sur une lourde dalle en pierre, granit. Le tableau de droite est libre et peut être déplacé. On applique une action de force sur la planche de droite.

Voir la figure 18.

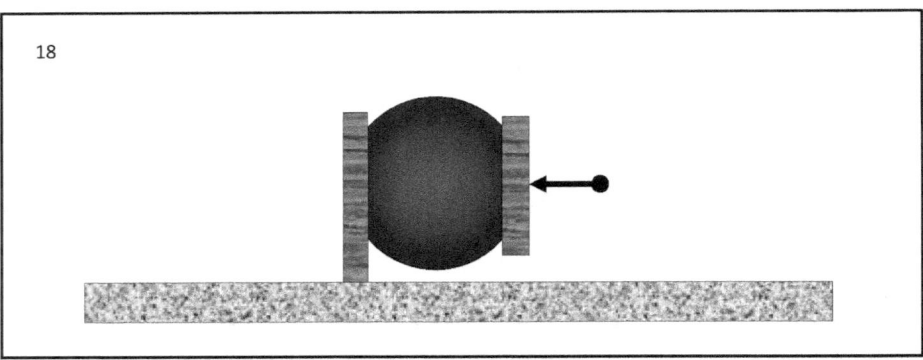

Sur la figure 18, on peut voir que la force noire est appliquée à la planche droite. Le plateau est placé de manière à empêcher la balle d'éclater. La force agit de droite à gauche. La planche appuie sur la balle en caoutchouc, et la balle se déforme de droite à gauche. Exactement la même déformation se produira du côté gauche du ballon. Une planche y est placée, qui est solidement reliée à la dalle de granit et est immobile. Regardez le chiffre. Le ballon est déformé des deux côtés de manière égale. La déformation droite est provoquée par **l'action** de la planche droite, sur la balle. La déformation gauche est provoquée par **la contre-action** de la planche gauche sur la balle. Je peux dire qu'il s'agit d'une expérience classique parfaite montrant **l'action** et **la contre-action**, dans la section statique de la science physique. Vérifions ce que dit Newton dans son excellent ouvrage "Principes mathématiques de la physique".

"Si l'on appuie sur une pierre avec son doigt, alors son doigt est également pressé par la pierre."

Une expérience peut être réalisée pour montrer l'action et la contre-action dans la section dynamique de la science physique.

Voir la figure 19.

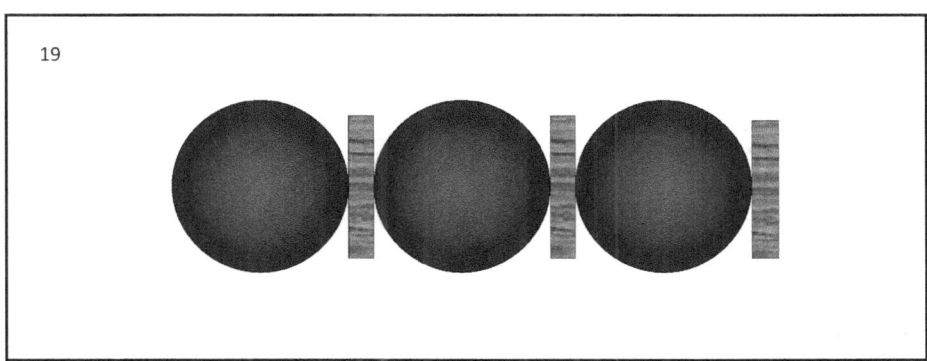

La figure 19 montre trois balles en caoutchouc bleues et trois panneaux lumineux en bois. Nous appliquons une action de force.

Voir la figure 20.

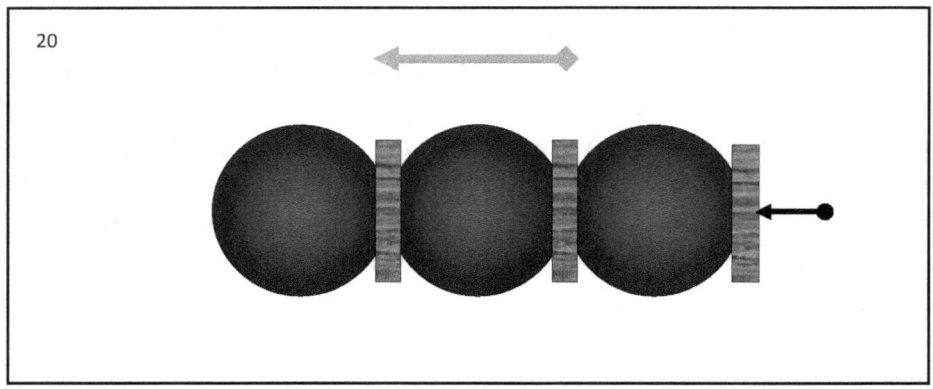

La figure 20 montre les balles, les planches et la force noire agissant de droite à gauche. L'action de la force noire force les balles et les planches à se déplacer avec accélération, de droite à gauche. La flèche verte en haut représente l'accélération. Regardez attentivement la figure et vous comprendrez **l'action** et **la contre-action** dans la section dynamique de la science physique.

Les panneaux de gauche et du milieu peuvent être retirés. Pas celui le plus à droite, car le ballon va éclater. En retirant les deux planches, la déformation des trois billes ne changera pas. Vous savez déjà pourquoi.

L'essence de la troisième loi de Newton se résume à l'énoncé suivant :

Pour chaque action d'une force, il existe une force agissant de même ampleur et de direction opposée.

La question se pose:

Quelle est l'ampleur de ces deux forces, et comment pouvons-nous être sûrs qu'elles existent et agissent toujours simultanément ?

Nous ferons une expérience de pensée, montrerons et mesurerons une force réelle agissant sur une sphère.

Voir la figure 21.

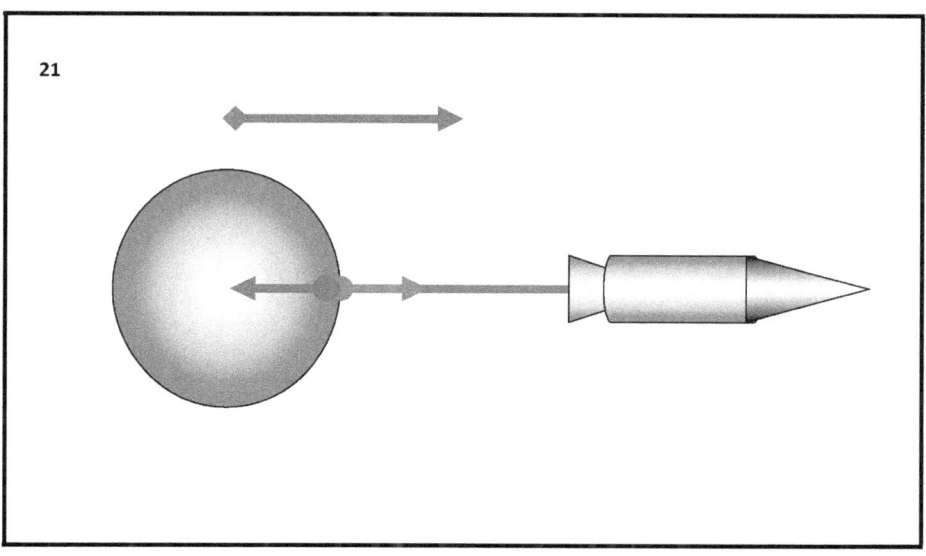

Dans la figure 21, la sphère est représentée et une fusée est attachée à la sphère avec une corde. Nous démarrons le moteur-fusée, la fusée tire la corde et la fusée commence à tirer la sphère. La fusée agit sur la sphère avec une certaine force. La sphère commence à se déplacer avec accélération. L'accélération est indiquée par une flèche verte. La flèche rouge représente la force d'action, la bleue la force de réaction. La force d'action et la force de contre-attaque doivent être mesurées. Les forces sont mesurées à l'aide d'un dynamomètre.

Voir la figure 22.

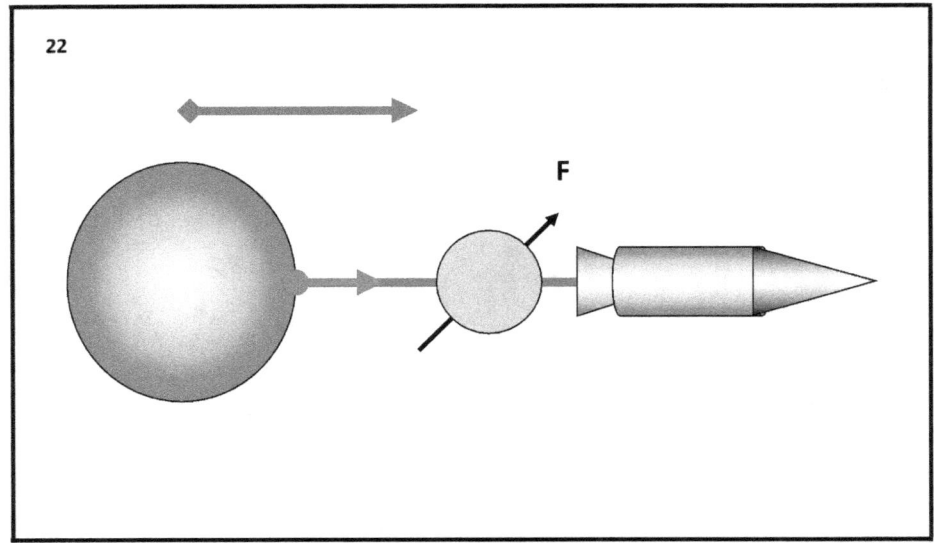

Sur la figure 22, sont représentées la sphère, la fusée et la corde qui les relie. Un dynamomètre est placé au milieu de la corde, qui mesure l'action et la contre-action. La force rouge est la force d'action, la force bleue est la force de réaction. La flèche verte montre l'accélération.

La figure vingt-deux montre l'essence de la troisième loi de Newton.

L'expérience présentée dans la figure dix-huit prouve et explique l'existence de l'action et de la contre-action. Chaque fois que nous analysons la troisième loi de Newton, nous devons imaginer l'expérience représentée sur cette figure et l'expérience avec les trois boules bleues.

7. LOI DE LA GRAVITATION DE NEWTON.

Selon la physique moderne, la loi de la gravitation de Newton stipule que :

La force d'attraction gravitationnelle entre les corps est directement proportionnelle au produit des deux corps et inversement proportionnelle au carré de la distance entre les deux corps.

En d'autres termes, l'ampleur de la force gravitationnelle avec laquelle deux corps sont attirés l'un vers l'autre est égale à la masse d'un corps multipliée par la masse de l'autre corps divisée par la distance entre les deux corps au carré.

La loi de la gravitation de Newton s'écrit :

$$F = \frac{M.m}{r^2}.G$$

Où :

F est la force d'attraction gravitationnelle entre les deux corps.

M est la masse du plus grand corps.

m est la masse du plus petit corps.

r est la distance entre les centres des deux corps.

G est la constante gravitationnelle.

D'un point de vue philosophique, la troisième loi de Newton a fait l'objet de sérieuses critiques.

La critique philosophique s'adresse à la manière dont le phénomène de force est défini dans la physique moderne. En physique moderne, il existe deux expressions mathématiques différentes pour la force. Les deux expressions mathématiques ont été énoncées par Newton.

La première expression mathématique est représentée par la deuxième loi de Newton, qui stipule que :

La force est égale au produit de la masse et de l'accélération.

$$F = m.a$$

La deuxième expression mathématique, représentée par la loi de Newton, est la force d'attraction gravitationnelle.

$$F = \frac{M.m}{r^2}.G$$

Le fait qu'il existe une égalité entre la masse lourde et la masse inertielle, et **le principe d'équivalence d'Einstein**, permettent d'établir l'égalité entre ces deux expressions mathématiques. On obtient :

$$F = \frac{M.m}{r^2}.G = m.a$$

La possibilité d'écrire ainsi cette égalité, d'un point de vue philosophique, est une lacune de la physique moderne. Le principe d'équivalence d'Einstein légitime l'expression mathématique de l'égalité des deux forces.

Le principe d'équivalence d'Einstein joue un rôle extrêmement important dans la physique moderne.

Le principe d'équivalence d'Einstein repose sur le fondement de la théorie de la relativité générale.

Le principe d'équivalence d'Einstein est une loi fondamentale par laquelle les conceptions humaines de la Réalité Infinie Unique sont créées.

Le principe d'équivalence est un paradigme de la science humaine moderne.

8. MOUVEMENT RELATIF À VITESSE CONSTANTE.

Einstein dit que la vitesse constante d'un corps d'essai dépend du choix du **référentiel inertiel.**

Voir la figure 23.

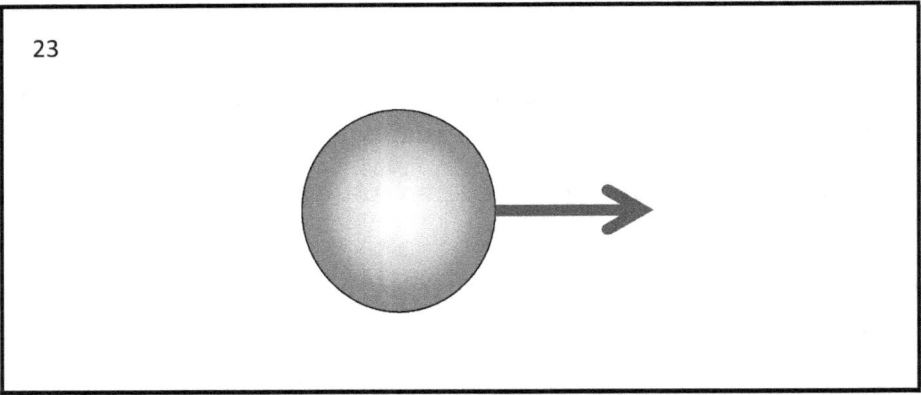

Sur la figure 23, on donne une sphère qui **se déplace à une vitesse constante** . La flèche bleue montre la direction et l'ampleur de la vitesse constante.

D'un point de vue physique, l'expression **se déplace à une vitesse constante** est incomplet et inexact car aucune valeur numérique de l'amplitude de la vitesse n'est donnée et aucun système de coordonnées n'est donné.

Le phénomène d'une valeur numérique d' **une grandeur** de vitesse constante n'a une signification physique que lorsque le système de coordonnées par rapport auquel la sphère se déplace à vitesse constante est indiqué.

Voir la figure 24.

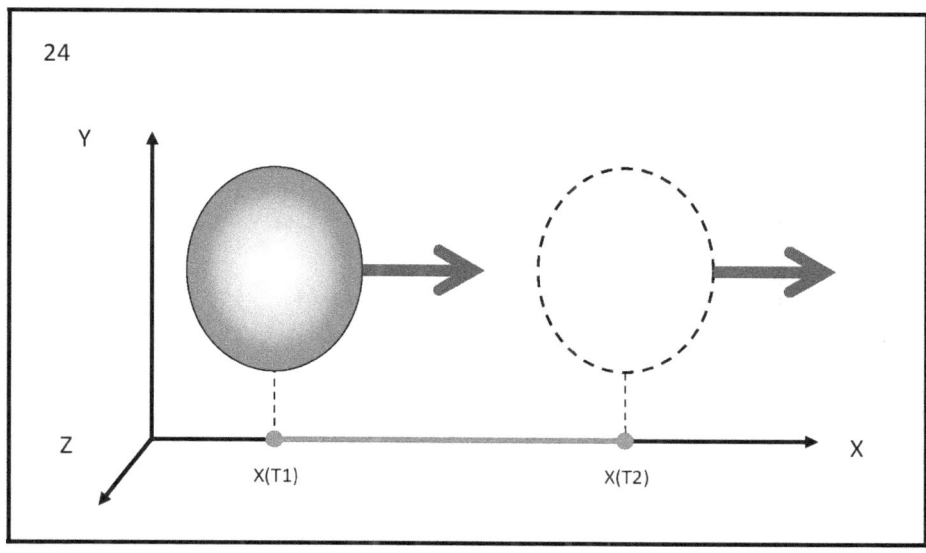

La figure 24 montre un système de coordonnées et une sphère se déplaçant à une vitesse constante par rapport au système de coordonnées. La vitesse constante est indiquée par une flèche bleue. Dans ce système de coordonnées, la sphère se déplace sur une certaine distance, en un certain temps. Le mouvement est indiqué en rouge. Lorsque nous divisons le déplacement par l'intervalle de temps, nous obtenons la vitesse de la sphère par rapport à ce système de coordonnées. La longueur de la flèche bleue indique l'ampleur de la vitesse constante. L'ampleur de la vitesse constante de la sphère dépend de l'état de mouvement ou de repos de tout référentiel inertiel spécifiquement choisi. Si nous choisissons un autre système de coordonnées inertielles, la vitesse sera différente.

Voir la figure 25.

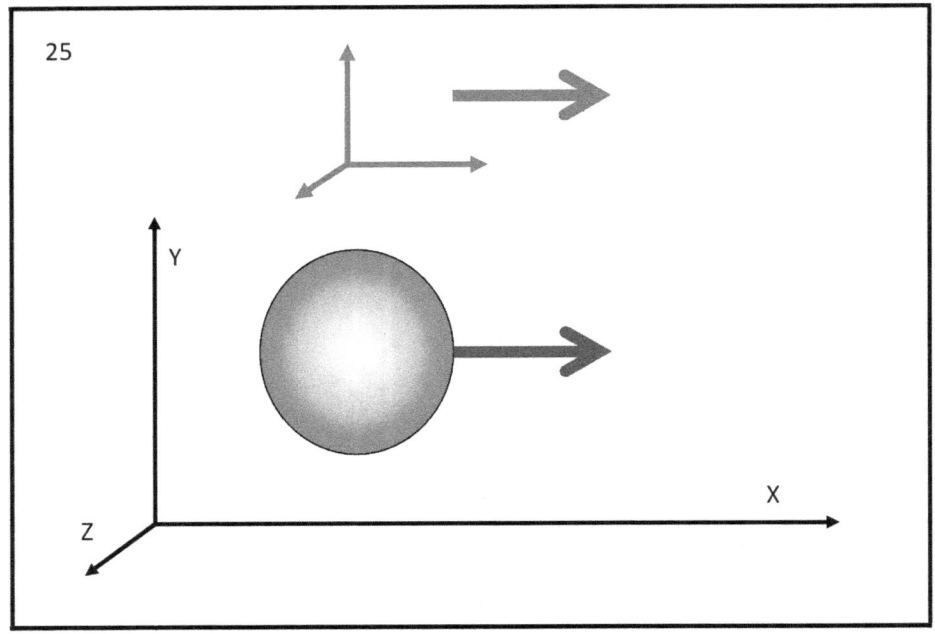

La figure 25 montre un grand système de coordonnées constitué de flèches noires, une sphère se déplaçant à une vitesse constante par rapport au système de coordonnées noires et un petit système de coordonnées constitué de flèches vertes. Le système de coordonnées vertes se déplace à vitesse constante. L'amplitude de la vitesse et la direction de la vitesse sont indiquées par une flèche verte. La flèche verte est égale à la flèche bleue. La sphère et le système de coordonnées vertes se déplacent côte à côte, à la même vitesse constante, dans la même direction. La sphère est alors au repos par rapport au système de coordonnées vertes.

La sphère est simultanément dans deux états, à savoir au repos par rapport au système de coordonnées vert et dans un état de mouvement, à vitesse constante, par rapport au système de coordonnées noir.

La vitesse de la sphère dans le système de coordonnées vertes est nulle, la vitesse de la sphère dans le système de coordonnées noir est supérieure à zéro.

Quand Einstein dit que la vitesse constante d'un corps d'essai dépend du choix du **référentiel inertiel**, il veut dire ce que nous avons montré avec les figures.

La vitesse constante relative signifie la vitesse constante dépendante .

La dépendance à la vitesse est relative au **choix** du système de coordonnées et dépend de l'ampleur de la vitesse avec laquelle **le système de coordonnées sélectionné** se déplace. **Le choix** d'un système de coordonnées par rapport auquel la **mesure** de vitesse est effectuée est **le choix** d'une autre vitesse différente.

La sélection et la mesure sont des formes de réflexion réalisées par le sujet qui réalise l'expérience particulière .

Trouver et voir sur le net : "Théorie de la réflexion" de l'académicien Todor Pavlov.

Chaque expérimentateur est un sujet par rapport à l'objet présent dans l'expérience. Lorsque le sujet fait pour la première fois un choix concernant l'état de l'objet, il propose alors un nouvel état spécifique. Dans l'expérience que nous analysons, il existe deux états spécifiques, à savoir le repos ou le mouvement. La proposition du nouvel État est une proposition de convention. Une convention est un contrat qui stipule ce qui est vrai et ce qui ne l'est pas. Le contrat peut être accepté par les autres chercheurs, sujets. Mais il peut aussi être rejeté. C'est ce qu'on appelle la conventionnalité en science. Philosophiquement, la conventionnalité constitue un énorme problème dans la science humaine moderne.

9. MOUVEMENT ABSOLU AVEC ACCÉLÉRATION CONSTANTE.

Albert Einstein dit :

"les accélérations et les rotations sont absolues, elles ne dépendent pas du choix de la centrale inertielle".

Ce que dit Einstein est très important. Il faut très bien le comprendre.

Voir la figure 26.

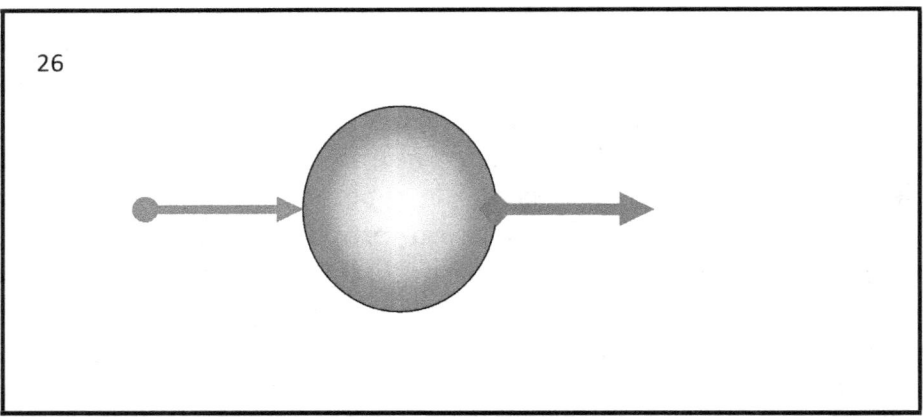

Sur la figure 26, une sphère et deux flèches sont représentées. La flèche rouge est une force poussant la sphère de gauche à droite. Sous l'action de la force rouge, la sphère se déplace avec accélération, de gauche à droite. La flèche verte montre la direction et l'ampleur de l'accélération. Aucun système de coordonnées affiché. Ce n'est pas nécessaire. Parce que l'accélération de la sphère est absolue, ce qui signifie que la mesure de l'ampleur de l'accélération peut être effectuée sans avoir besoin d'un système de coordonnées. Cela signifie que l'accélération de la sphère ne dépend pas du choix du système de coordonnées. Nous pouvons choisir n'importe quel système de coordonnées inertielles et mesurer l'accélération de la sphère par rapport à celui-ci. L'ampleur de l'accélération mesurée sera la même, constante.

Voir la figure 27.

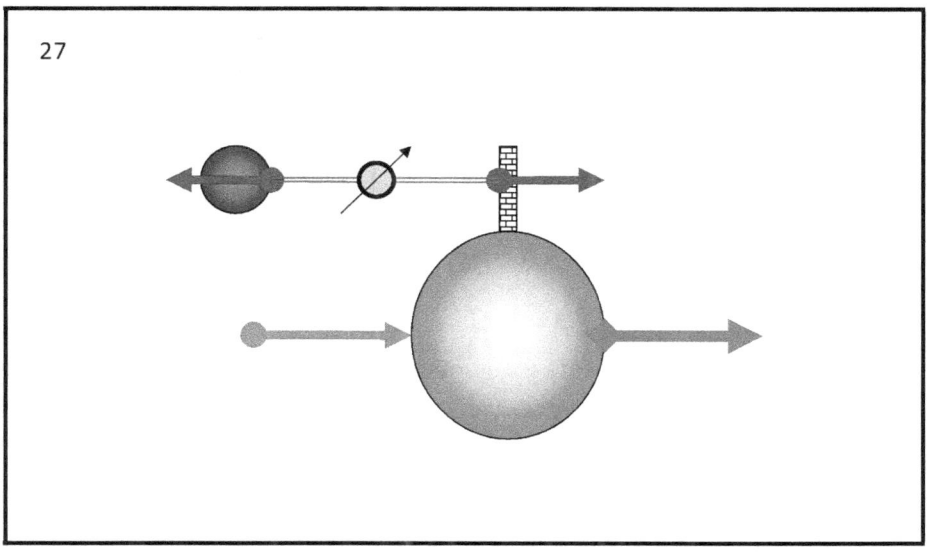

La figure 27 montre une force rouge poussant la sphère de gauche à droite. Sous l'influence de la force, la sphère se déplace de gauche à droite avec accélération. La direction et l'ampleur de l'accélération sont indiquées par une flèche verte. Un mur de soutènement est réalisé à l'extrémité supérieure de la sphère. On donne une petite sphère rouge qui est attachée au mur avec une corde marron. Au milieu de la corde, un appareil de mesure de force, un dynamomètre, est placé. La sphère rouge est un corps d'échantillon sélectionné avec une masse de référence. Le mur tire la petite sphère rouge, avec une certaine force, indiquée par une flèche violette. Conformément à la troisième loi de Newton, la petite sphère rouge contrecarre la force violette, avec une force égale en ampleur mais de direction opposée. La contre-mesure est indiquée par une flèche bleue. Le dynamomètre mesure l'action et la contre-action.

La masse de la sphère de référence rouge est connue, l'ampleur de la force violette agissant sur elle a déjà été mesurée. En utilisant la deuxième loi de Newton, l'accélération de la petite sphère est calculée. L'accélération calculée de la petite sphère rouge est égale à l'accélération de la grande sphère. Ce n'est qu'une façon de déterminer l'accélération de la grande sphère. Cette méthode est universelle. Il est possible d'utiliser différents corps d'essai à placer à différents endroits de la grande sphère. Grâce à ces corps d'essai, nous pouvons toujours mesurer la force d'action et la force de contre-action, et ainsi déterminer l'ampleur de la force agissant sur le corps d'essai spécifique, après quoi nous calculons l'accélération.

Aucun système de coordonnées n'est utilisé pour déterminer l'accélération. La méthode que nous avons utilisée montre que l'accélération **ne dépend pas** du système de coordonnées, qui se déplace à vitesse constante ou est au repos.

C'est pourquoi Albert Einstein a dit :

"les accélérations et les rotations sont absolues, indépendantes du choix du référentiel inertiel."

Voir la figure 28.

LA TROISIÈME ERREUR D'EINSTEIN

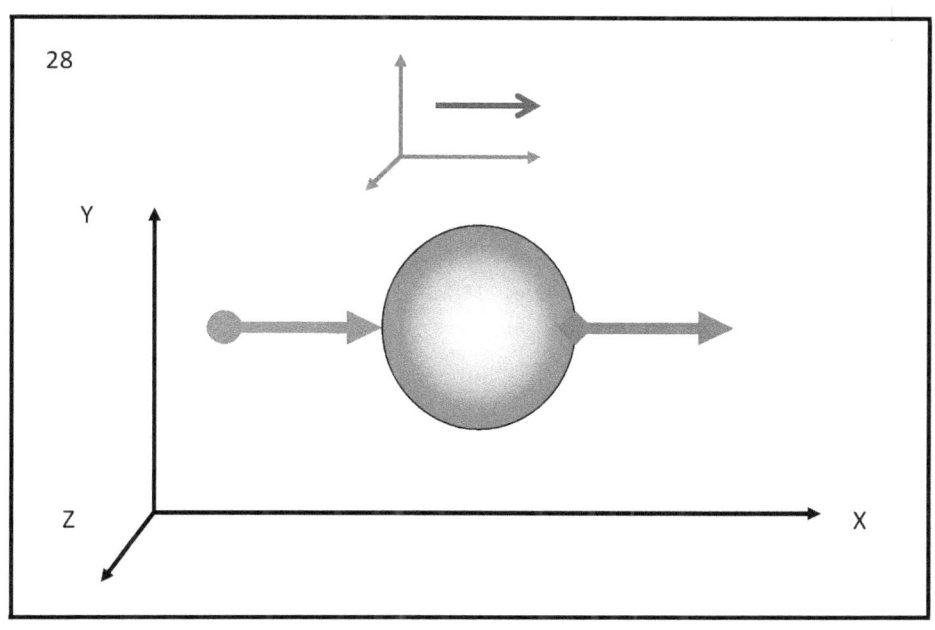

Sur la figure 28, on donne un système de coordonnées constitué de flèches noires, qui est au repos.

Un petit système de coordonnées est donné, composé de flèches vertes. Le petit système de coordonnées vertes se déplace par rapport au grand système de coordonnées noir, à une vitesse constante, uniformément en ligne droite. L'amplitude de la vitesse et la direction de la vitesse dans le système de coordonnées vertes sont indiquées par la flèche bleue.

Étant donné une sphère sur laquelle est appliquée l'action d'une poussée rouge. Sous l'action de la poussée rouge, la sphère se déplace avec accélération. L'accélération est indiquée par une flèche verte. La direction de la force rouge correspond à la direction de l'accélération verte. La longueur de la flèche verte indique l'ampleur de l'accélération.

La sphère se déplace avec **la même accélération** par rapport au grand système de coordonnées noires et par rapport au petit système de coordonnées vertes. La grande noire est au repos, la petite verte est en mouvement, mais néanmoins l'accélération de la sphère est la même pour les deux systèmes de coordonnées. La raison de cette égalité est que l'accélération est absolue.

J'ai montré une preuve détaillée de cette affirmation dans Le paradoxe du bâton. Sixième partie. Maison d'édition E.D.B. Amazone. Il s'agit d'une bande dessinée pour enfants et adultes, dans laquelle j'ai présenté les lois fondamentales de la physique à travers des dessins.

10. ATTRIBUTION DES TYPES DE MOUVEMENTS.

*****

Explications philosophiques

La science moderne de la physique définit deux types fondamentaux de mouvement, à savoir le mouvement absolu et le mouvement relatif.

Le concept d' **absolu** et le concept de **relatif** sont des catégories philosophiques. En sciences humaines, la relation entre ces deux catégories n'est pas claire. Dans le cas général, l'absolu et le relatif sont opposés et placés dans une position de contradiction antagoniste. Cette approche est fausse. L'absolu et le relatif sont dans une unité dialectique. La catégorie **absolue** et la catégorie **relative** sont une paire de catégories.

Je propose d'utiliser l'idée que la relation dialectique entre la catégorie **relative** et la catégorie **absolue** est la suivante :

L'absolu fait référence.

Le relatif devient absolu.

Ils sont ainsi inclus dans les paires de catégories de la dialectique hégélienne.

*****

Les mouvements absolus sont bien connus de la physique moderne. J'ai déjà dit que selon Einstein, les mouvements avec accélération et rotation sont des mouvements absolus. Les relations entre les différents types de mouvements absolus sont diverses et il faut se soumettre à une analyse philosophique et dialectique générale.

À cette fin, nous réaliserons des expériences de pensée appropriées.

Voir la figure 29.

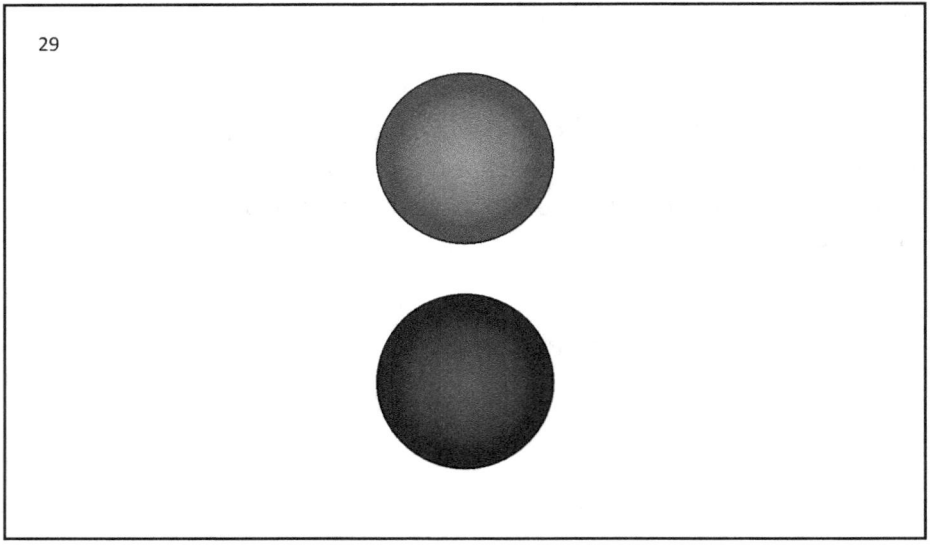

Sur la figure 29, deux sphères sont représentées. Sphère verte et sphère bleue. Les sphères ont la même taille et la même masse. Les deux sphères sont au **repos l'une par rapport à l'autre**. Aucun système de coordonnées n'est représenté sur la figure.

*****

Explications philosophiques :

Lorsque nous, les sujets menant l'expérience, disons « **au repos l'un par rapport à l'autre** », cela signifie que nous, **les sujets**, n'avons pas besoin d'un système de coordonnées pour prouver l'état de repos entre les deux sphères.

Cela signifie que **les objets** de l'expérience, que sont les deux sphères, n'ont pas besoin d'un système de coordonnées pour prouver, montrer, établir l'état de repos des deux sphères.

Aucun système de coordonnées n'est représenté sur la figure.

Cela signifie que l'état de repos entre les deux sphères dépend uniquement et uniquement des deux sphères et de **la relation** d'une sphère à l'autre. Les conditions physiques dans lesquelles s'effectue la relation entre les deux sphères sont prédéfinies par le sujet réalisant l'expérience.

Le concept d' **attitude** est une catégorie philosophique. L'acte de **relation** entre les deux sphères prouve, montre, établit l'état de repos qui **existe objectivement** entre les deux sphères. L'existence objective de l'état de repos, dans des conditions déterminées, absolutise l'état de repos entre les deux sphères. La phrase correcte est :

Les deux sphères sont dans un état de repos absolu l' **une par rapport à l'autre**.

L'état de paix absolue entre les deux sphères est possible grâce à la relation, uniquement et uniquement, d'une sphère à l'autre, et vice versa.

*****

Nous, les sujets qui réalisent l'expérience, appliquons une action de force sur les deux sphères qui font l'objet de l'expérience.

Voir figure 30.

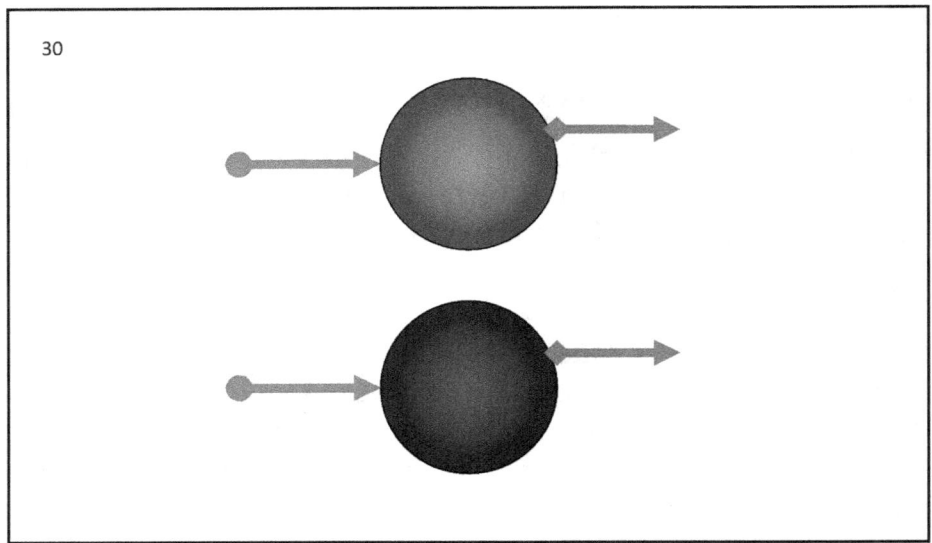

Sur la figure 30, on peut voir que deux forces de poussée égales, rouges, sont appliquées aux deux sphères. Il n'y a pas de système de coordonnées sur la figure. La longueur des deux flèches rouges est la même.

Les deux forces de poussée sont appliquées simultanément aux deux sphères. Les deux sphères commencent simultanément à se déplacer avec accélération. L'accélération est indiquée par des flèches vertes. L'accélération des deux sphères est la même. La longueur des flèches vertes est la même.

*****

Explications philosophiques :

D'un point de vue philosophique, les deux domaines sont sujets à expérimentation. Les chercheurs menant l'expérience sont les sujets de l'expérience. Nous, les sujets, observons et analysons le mouvement des sphères. Observer, mesurer et analyser sont des formes de **réflexion**. **La réflexion** est une catégorie philosophique que nous avons précisée dans le cadre définitionnel. Le reflet du sujet sur l'objet est toujours subjectif.

Voir sur Internet : Académicien Todor Pavlov, « Théorie de la réflexion ».

Nous avons dit que les deux sphères sont au repos relatif l'une par rapport à l'autre.

Sur la figure , deux phénomènes différents sont **observés et reflétés en même temps.**

Le premier phénomène est que les deux sphères **bougent absolument** , avec la même **accélération** , côte à côte, dans la même direction.

Le deuxième phénomène est que les deux sphères sont dans un état de **repos relatif l'** une par rapport à l'autre. Ce sont deux phénomènes différents qui s'observent simultanément.

Nous avons déjà expliqué que pour établir ces deux phénomènes nous n'avons pas besoin d'un système de coordonnées.

*****

J'ai déjà dit que le 11 juillet 1923, Einstein prononça un discours à Göteborg, devant la réunion des naturalistes des pays du Nord.

Dans ce rapport, Einstein dit :

"En mécanique classique, la distinction entre les mouvements accélérés et non accélérés est absolue. Il n'y a que des vitesses relatives selon le choix du référentiel inertiel, et les accélérations et rotations sont absolues, indépendantes du choix du référentiel inertiel.

D'un point de vue philosophique, cette affirmation d'Einstein fait l'objet de sérieuses critiques.

La critique se résume au fait que dans l'expérience que nous menons, nous observons le phénomène **de repos relatif** de deux sphères qui se déplacent avec **une accélération absolue**.

Une question se pose :

Pourquoi, jusqu'à présent, dans la science humaine n'a-t-il pas été spécifiquement noté qu'il existe un état de repos relatif entre deux choses se déplaçant avec une accélération absolue ? Il s'agit là, à mon avis, d'un phénomène d'une importance fondamentale.

Nous utiliserons ce fait pour créer une hypothèse.

Voir la figure 31.

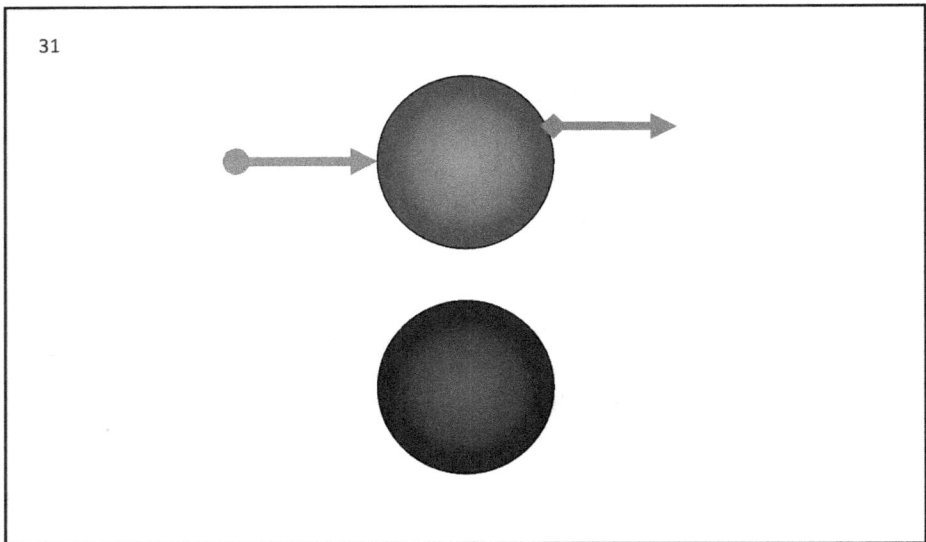

Sur la figure 31, les deux sphères sont données. La sphère bleue est au repos. Une poussée rouge est appliquée à la sphère verte. La sphère rouge commence à se déplacer avec accélération par rapport à la sphère bleue. La direction de l'accélération est indiquée par une flèche verte. L'ampleur de la force rouge est telle que la sphère verte se déplace avec une accélération d'un mètre par seconde carrée. Le mouvement d'accélération de la sphère verte s'effectue par rapport à la sphère bleue. Prouver le mouvement accéléré de la sphère verte ne nécessite pas de système de coordonnées. Aucun système de coordonnées n'est représenté sur la figure.

La sphère verte se déplace avec une accélération d'un mètre par seconde carrée, puis le chemin emprunté par la sphère verte augmentera d'une certaine manière.

Voir la figure 31.

31

T	0	1	2	3	4	5	6	7
S	0	0,5	2	4,5	8	12,5	18	24,5

Sur la figure 31, un tableau est présenté pour la distance parcourue en fonction du temps. La rangée horizontale supérieure du tableau indique le temps écoulé depuis le début du mouvement, mesuré en secondes. La rangée horizontale inférieure du tableau indique la distance parcourue, mesurée en mètres. Le temps passe de zéro seconde à sept secondes. La route s'élève de zéro mètre à vingt-quatre mètres et cinquante centimètres. Le chemin parcouru par la sphère verte est mesuré par rapport à la sphère bleue.

Le mouvement de la sphère verte est représenté graphiquement comme suit.

Voir la figure 32.

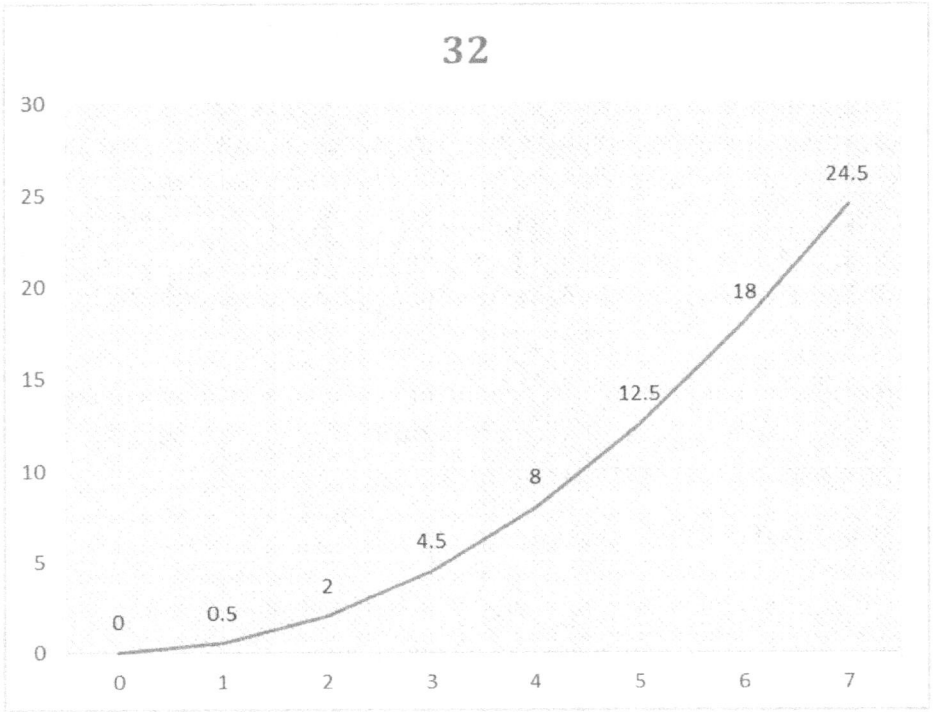

Dans la figure 32, le graphique de mouvement de la sphère verte est représenté. L'axe vertical du système de coordonnées indique la distance parcourue. L'axe horizontal du système de coordonnées montre les instants du temps, de zéro seconde à sept secondes. On peut voir sur la figure que le graphique maléfique commence à zéro seconde et se termine à la fin de la septième seconde. Regardez le graphique.

Une seconde après le démarrage de la sphère verte, nous appliquons une poussée rouge sur la sphère bleue.

Voir la figure 33.

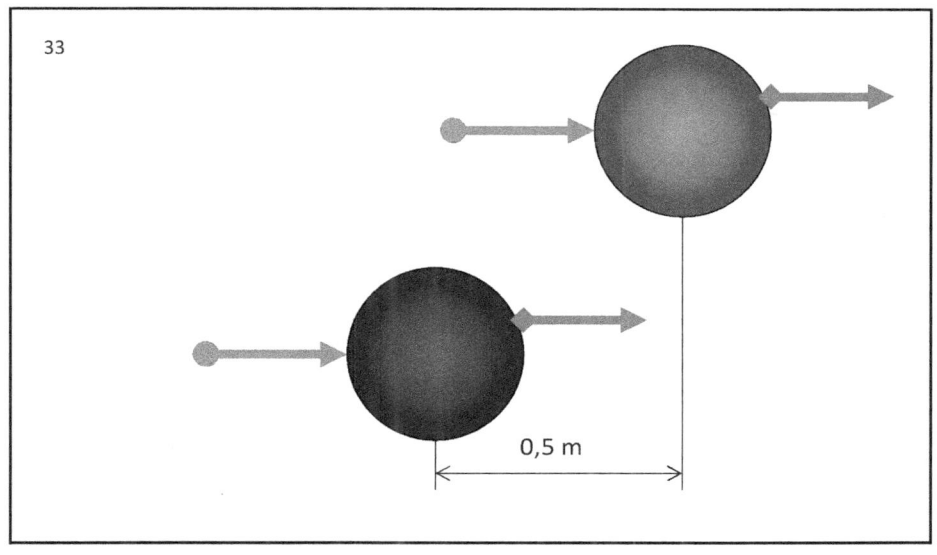

Dans la figure 33, il est montré que la sphère verte continue d'avoir une poussée rouge et que la sphère bleue a également déjà eu une poussée rouge appliquée.

La sphère bleue commence à se déplacer avec une accélération d'un mètre par seconde carrée. L'action de la poussée rouge sur la sphère bleue s'applique une seconde après le départ de la sphère verte. En une seconde, la sphère verte s'est éloignée de la sphère bleue d'un demi-mètre. Ceci est illustré sur la figure. Le chemin parcouru par la sphère bleue en un temps donné est le même que le chemin parcouru par la sphère bleue, mais avec un délai d'une seconde.

Voir la figure 34.

34								
$T_{n=1 \div 7}$	1 sec	2 sec	3 sec	4 sec	5 sec	6 sec	7 sec	8 sec
S	0 m	0,5 m	2 m	4,5 m	8 m	12,5	18 m	24,5

La figure 34 montre la table de mouvement de la sphère bleue. La ligne du haut montre les points temporels, la ligne du bas montre les distances parcourues. La sphère bleue bouge pendant sept secondes. Le décompte des secondes commence à **la fin de la première seconde** et se termine à la fin de la huitième seconde. Je dis cela parce que le tableau indique huit secondes, mais la sphère bleue est au repos jusqu'à la fin de la première seconde. D'après le tableau, on peut voir que dans la première seconde de comptage du temps, la distance parcourue est de zéro mètre. La sphère bleue commence son mouvement au début de la deuxième seconde, et se déplace jusqu'à la fin de la huitième seconde. Cela fait sept secondes. Durant ces sept secondes, la sphère bleue parcourt une distance de vingt-quatre mètres et cinquante centimètres. Le mouvement de la sphère bleue est représenté graphiquement.

Voir la figure 35.

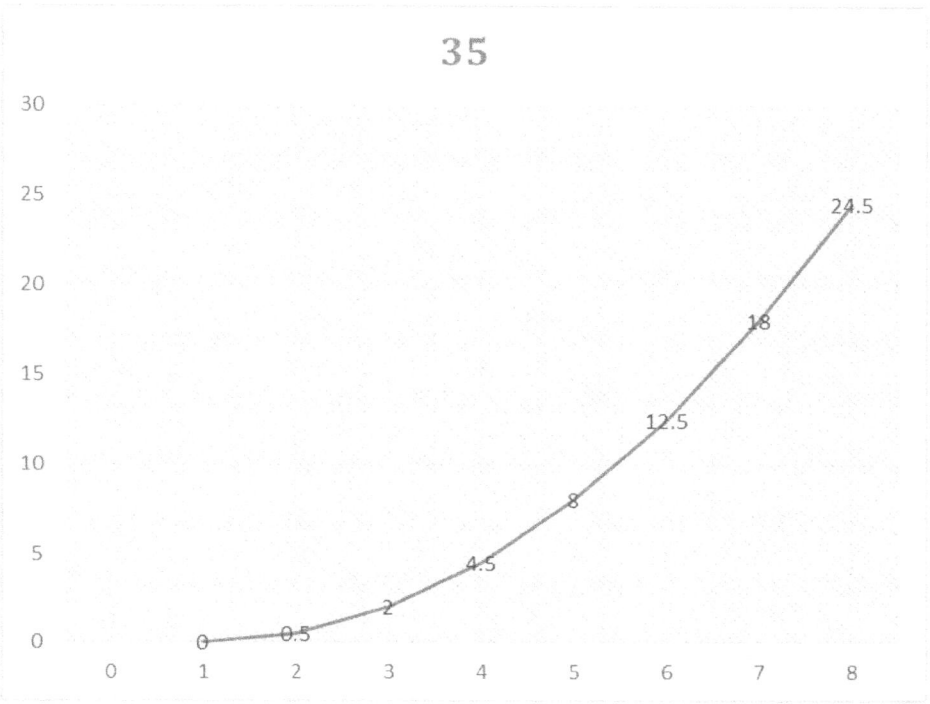

La figure 35 montre que la sphère bleue a commencé son mouvement une seconde plus tard que la sphère verte. Le graphique montre que le mouvement de la sphère bleue commence à la fin de la première seconde et se poursuit jusqu'à la fin de la huitième seconde. Le graphique bleu commence à la seconde et va jusqu'à la huitième seconde. Regardez le graphique.

Le mouvement des deux sphères est représenté graphiquement comme suit :

Voir la figure 36.

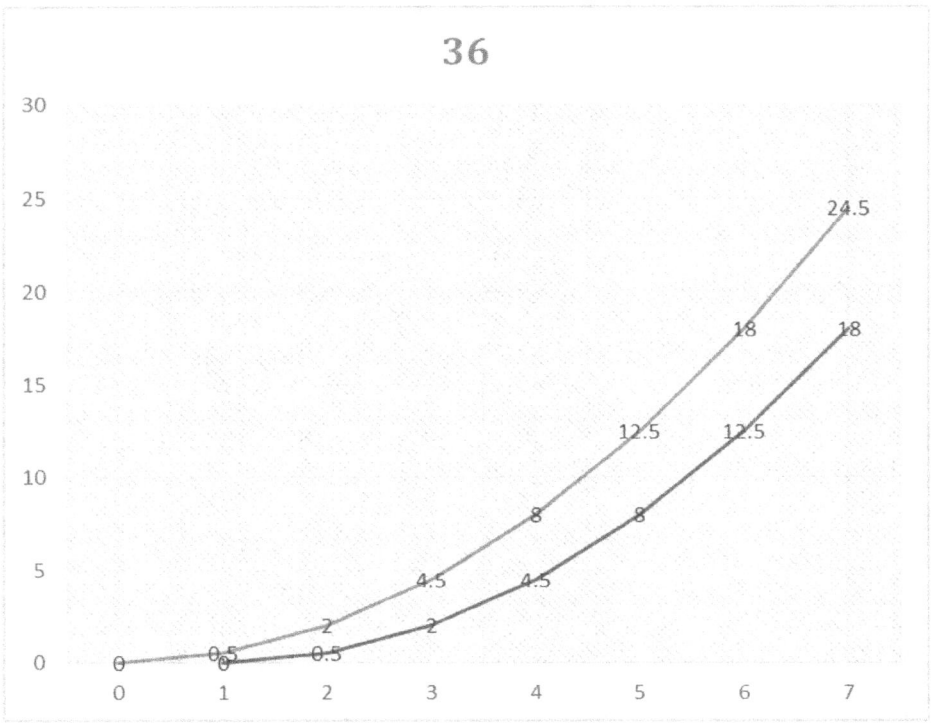

La figure 36 montre graphiquement le mouvement simultané des deux sphères.

Sur le graphique, on peut voir que la sphère verte commence son mouvement au temps zéro seconde et que la sphère bleue commence son mouvement au temps une seconde.

Nous comparerons le chemin parcouru par la sphère bleue avec le chemin parcouru par la sphère verte.

Voir la figure 37.

37									
$T_{n=1 \div 7}$		0	1	2	3	4	5	6	7
S		0	0,5	2	4,5	8	12,5	18	24,5
	$T_{n=1 \div 7}$		1	2	3	4	5	6	7
	S		0	0,5	2	4,5	8	12,5	18

Dans la figure 37, vous pouvez voir deux tables placées l'une au-dessus de l'autre. Le tableau du haut est pour la sphère verte, le tableau du bas est pour la sphère bleue. Les tables sont placées asymétriquement les unes au-dessus des autres. Le tableau inférieur est décalé vers la droite et la distance parcourue jusqu'à la septième seconde est affichée. La table est décalée car la sphère bleue a commencé son mouvement avec une accélération une seconde plus tard que la sphère verte.

Nous suivrons l'évolution de la distance entre les deux sphères.

A la deuxième seconde après le début du mouvement d'accélération, la sphère verte se trouve à deux mètres du début de son mouvement. Regardez les deux mètres rouges. La deuxième seconde de la sphère verte est la première seconde de la sphère bleue et elle est située à une distance d'un demi-mètre du début du mouvement d'accélération. Regardez le demi-mètre rouge. Par conséquent, la projection de la distance entre les deux sphères à la fin de la seconde seconde depuis le début de l'expérience est égale à deux mètres moins un demi-mètre, soit un mètre et demi.

Voir figure 38.

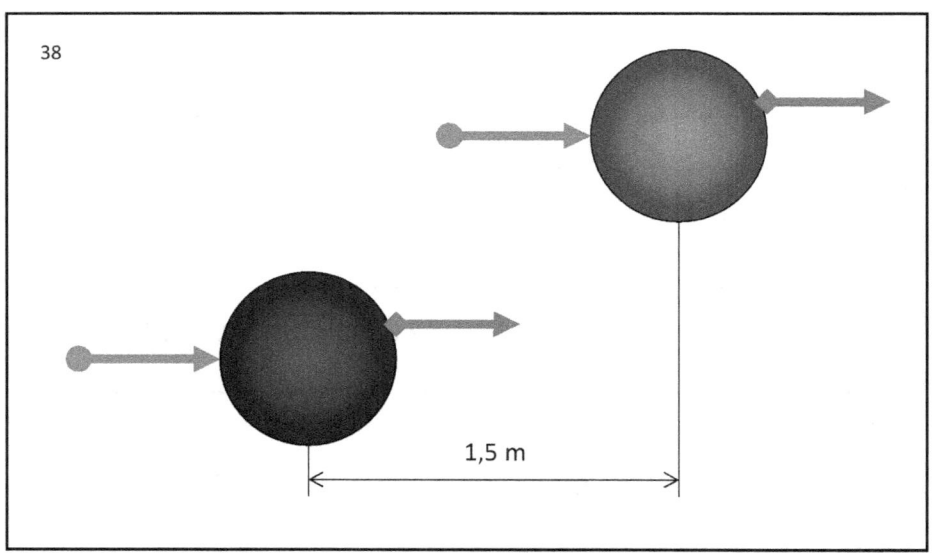

est représentée **la projection de la distance entre les deux sphères à la fin de la seconde seconde** . Nous modifions les conditions de l'expérience. On place les deux sphères sur une ligne droite. La direction de la ligne droite coïncide avec la direction du mouvement avec accélération. Ainsi, la projection de distance coïncide avec la distance.

Voir figure 39.

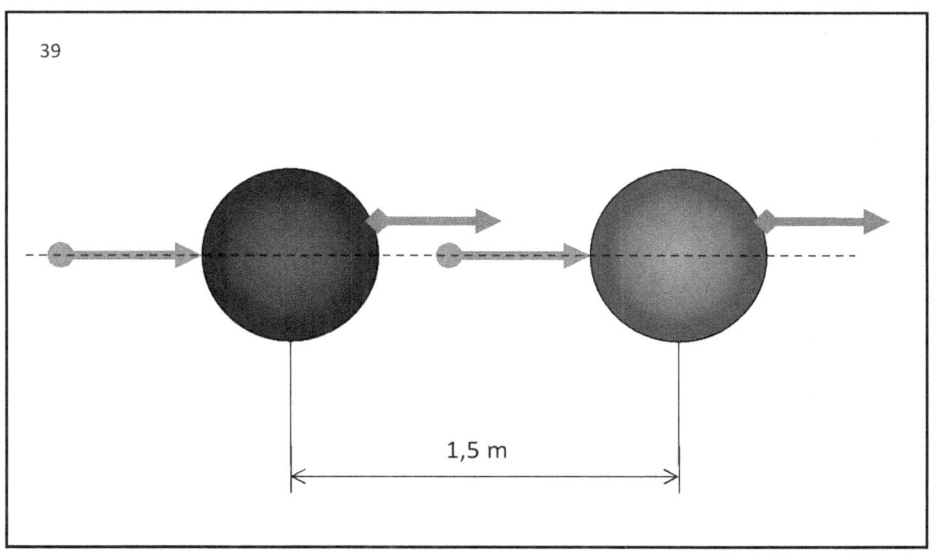

Sur la figure 39, on montre que les sphères sont situées en ligne droite, et se déplacent les unes après les autres. De cette façon, nous déterminons directement la distance entre les deux sphères.

La figure montre qu'à la fin de la seconde seconde la distance est de : (2-0,5=1,5) mètres.

A la fin de la troisième seconde, la distance est de : (4,5-2=2,5) mètres.

A la fin de la quatrième seconde, la distance est de : (8-4,5=3,5) mètres.

A la fin de la cinquième seconde, la distance est de : (12,5-8=4,5) mètres.

A la fin de la sixième seconde, la distance est de : (24,5-18=5,5) mètres.

D'après les calculs que nous avons effectués, nous pouvons voir que la distance entre les sphères augmente constamment et passe de (1,5) un mètre et demi, passe à (2,5) deux mètres et demi, puis (3,5) trois mètres et demi. moitié , et (4,5)quatre et demi et cinq et demi (5,5).

Chaque seconde, la distance entre les sphères augmente d'un mètre.

Cela signifie que les sphères se déplacent **uniformément en ligne droite** les unes par rapport aux autres, à une vitesse égale à un mètre par seconde.

Les résultats du tableau peuvent être présentés graphiquement.

Voir figure 40.

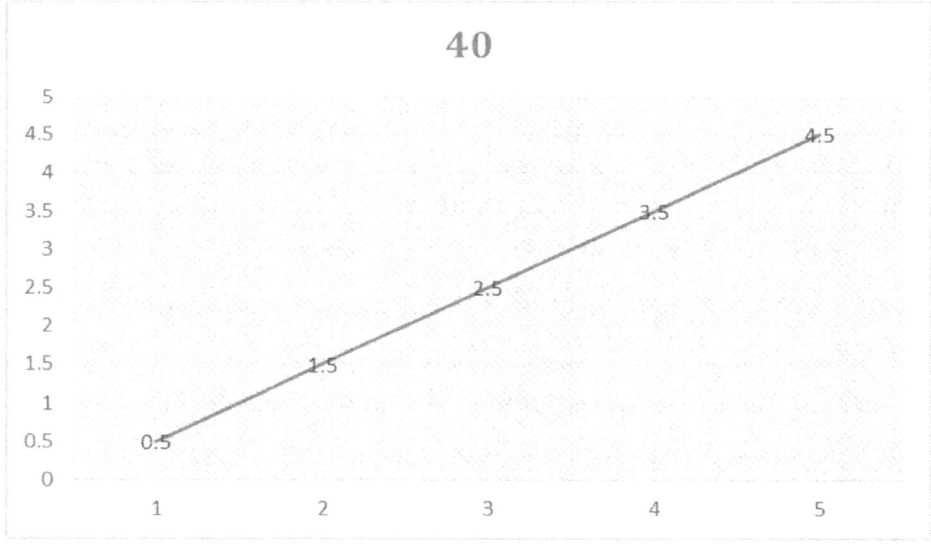

La figure 40 montre comment la distance entre la sphère bleue et la sphère verte évolue avec le temps.

Le graphique montre que les deux sphères se déplacent l'une par rapport à l'autre, uniformément et en ligne droite à une vitesse d'un mètre par seconde.

Maintenant, la question se pose : est-il possible de faire une expérience montrant une autre vitesse entre les deux sphères ?

La réponse est oui, c'est possible.

Pour ce faire, nous modifions les conditions de l'expérience de pensée que nous menons. Nous augmentons le délai de démarrage de la sphère bleue. On applique une action de force sur la sphère bleue, avec un délai égal à deux secondes, après le départ de la sphère verte.

Voir figure 41.

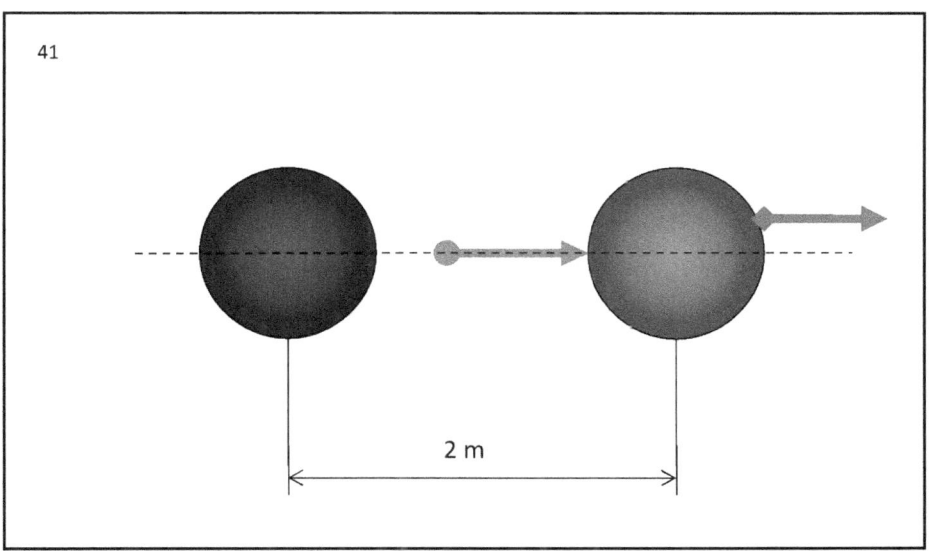

Sur la figure 41, la sphère bleue est représentée au repos. Une poussée rouge est appliquée à la sphère verte. La sphère verte se déplace avec une accélération d'un mètre par seconde carrée. Deux secondes après le départ, la sphère verte parcourra une distance de deux mètres.

Voir la figure ci-dessus et la figure ci-dessous 42.

42								
$T_{n=1 \div 7}$	0 sec	1 sec	2 sec	3 sec	4 sec	5 sec	6 sec	7 sec
S (m)	0 m	0,5 m	2 m	4,5 m	8 m	12,5	18 m	24,5

Dans la figure 42, le tableau de la distance parcourue par la sphère verte en fonction du temps est présenté. Le graphique du mouvement de la sphère verte est le même que dans le premier cas.

Voir figure 43.

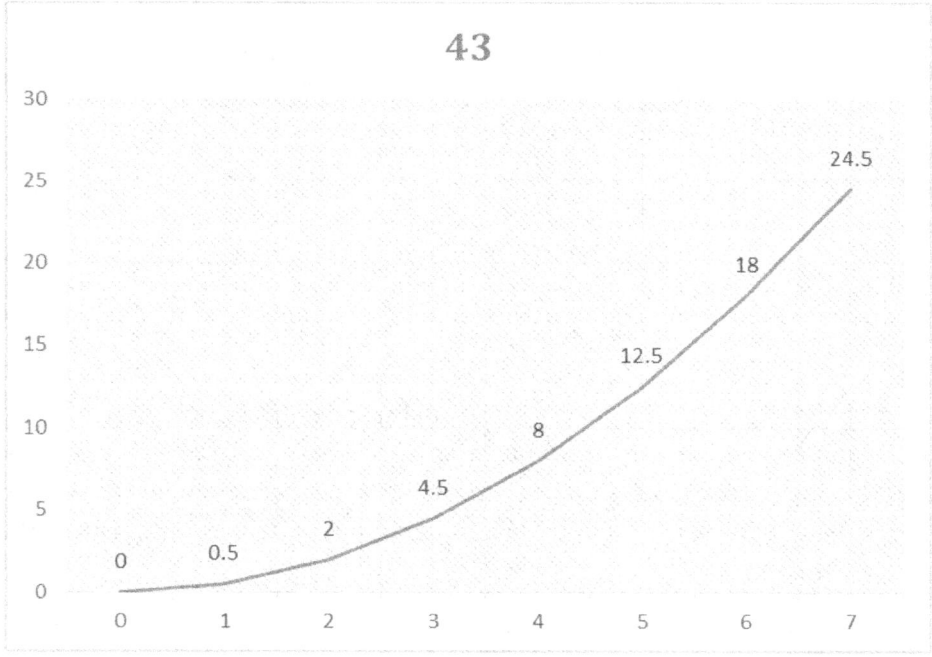

Sur la figure 43, on peut voir que la sphère verte commence son mouvement à zéro seconde et accélère jusqu'à la fin de la septième seconde.

A la fin de la deuxième seconde, dès le début du mouvement de la sphère verte, la distance entre les sphères est de deux mètres, puis on applique une poussée rouge sur la sphère bleue.

Voir figure 44.

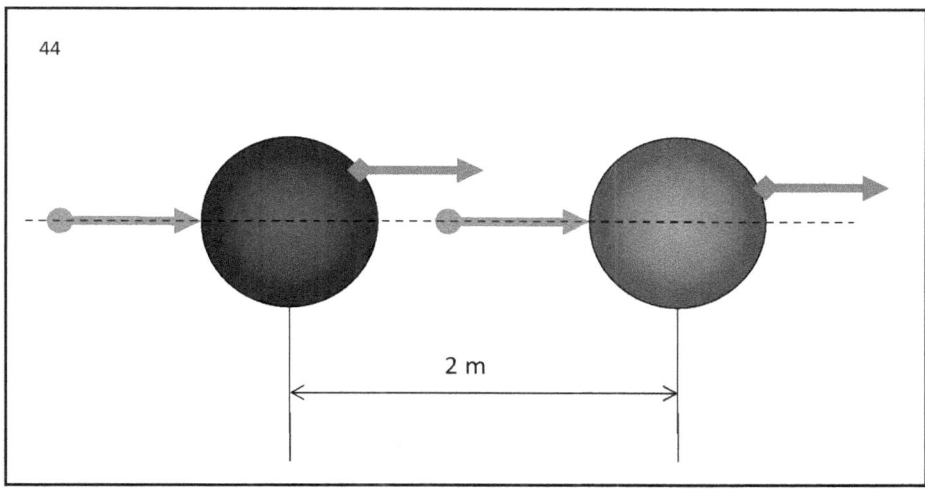

Sur la figure 44, on peut voir que deux secondes après le lancement de la sphère verte, lorsque la sphère verte est à deux mètres de la sphère bleue, une poussée rouge est appliquée sur la sphère bleue. La sphère bleue se déplace après la sphère verte. La direction de déplacement de la sphère bleue correspond à la direction de déplacement de la sphère verte. Les deux sphères sont situées sur une ligne droite. La sphère bleue commence à se déplacer avec une accélération d'un mètre par seconde carrée, mais commence son mouvement à la fin de la deuxième seconde.

Voir figure 45

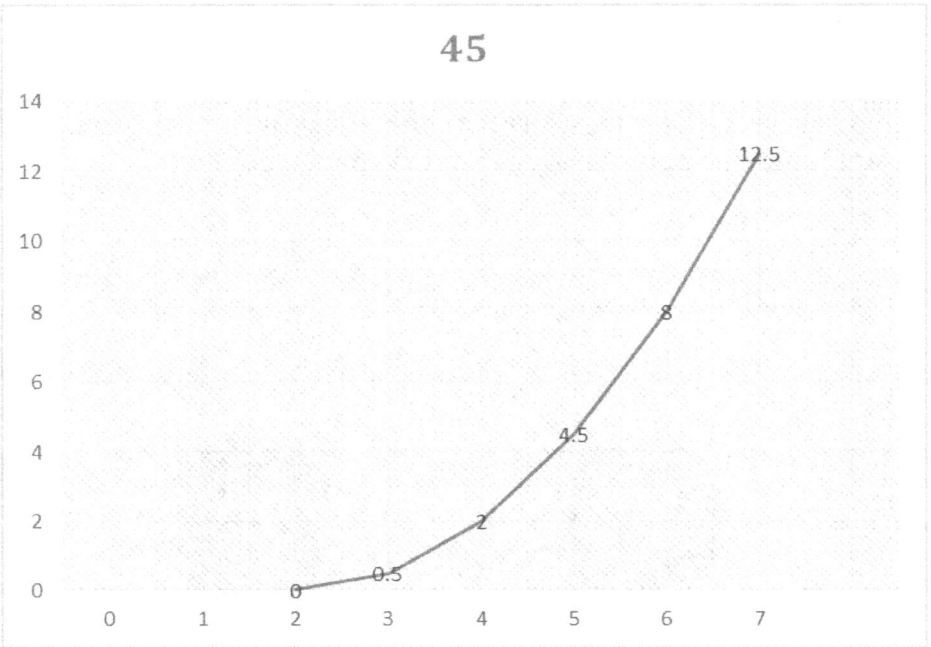

45

Sur la figure 45, le graphique de mouvement de la sphère verte est représenté. Le graphique montre que la sphère bleue commence son mouvement à la deuxième seconde et se déplace jusqu'à la fin de la septième seconde.

Voir figure 46.

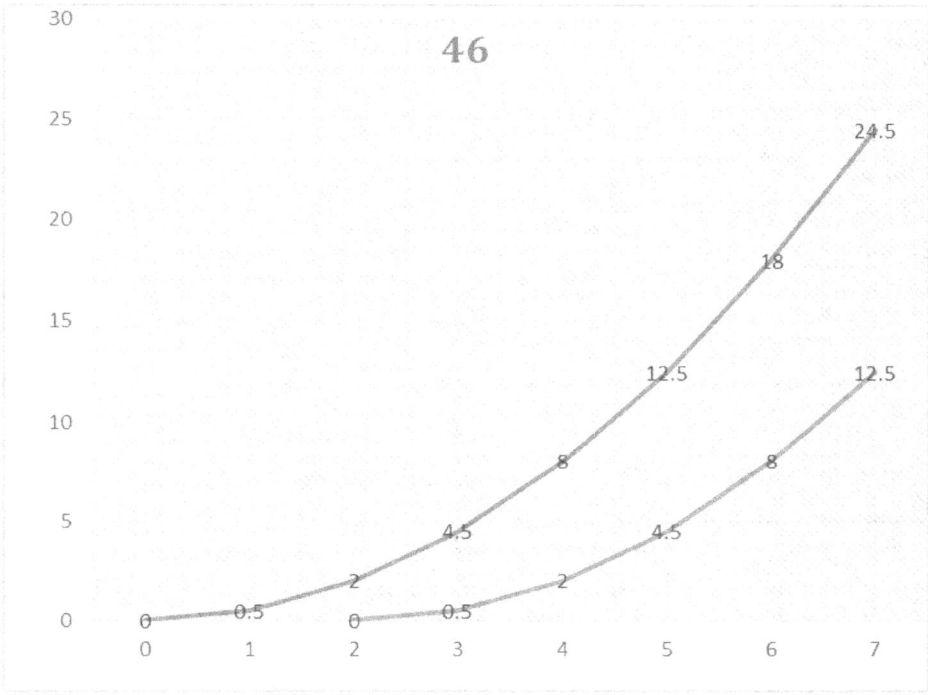

Sur la figure 46, le mouvement des deux sphères est représenté graphiquement. Le bleu commence le mouvement avec une accélération à la seconde zéro et se termine à la septième seconde. Le vert commence à la deuxième seconde et se termine à la septième seconde.

Nous comparons le chemin et les horaires des deux royaumes.

Voir figure 47.

47

$T_{n=1\div7}$	0 sec	1 sec	2 sec	3 sec	4 sec	5 sec	6 sec	7 sec
S (m)	0 m	0,5 m	2 m	4,5 m	8 m	12,5	18 m	24,5
		$T_{n=1\div7}$	2 sec	3 sec	4 sec	5 sec	6 sec	7 sec
		S (m)	0 m	0,5 m	2 m	4,5 m	8 m	12,5

Dans la figure 47, deux tableaux sont présentés. Le tableau ci-dessus se trouve sur la sphère verte. Le bas de la sphère bleue. Les tableaux sont décalés de telle manière que les résultats de route et de temps sur la sphère verte sont comparés aux résultats sur la sphère bleue.

La distance entre les deux sphères augmente comme suit :

A la fin de la deuxième seconde, la distance est de (2-0=2) deux mètres.

A la fin de la troisième seconde, la distance est de (4,5-0,5=4) quatre mètres

A la fin de la quatrième seconde, la distance est de (8-2=6) six mètres.

A la fin de la cinquième seconde, la distance est de (12,5-4,5=8) huit mètres.

A la fin de la sixième seconde, la distance est de (18-8=10) dix mètres.

A la fin de la septième seconde, la distance est de (24,5-12,5=12) douze mètres.

A chaque kunda successif, la distance entre les deux sphères augmente de deux mètres. Cela signifie que les deux sphères se déplacent l'une par rapport à l'autre à une vitesse de deux mètres par seconde.

Voir figure 48.

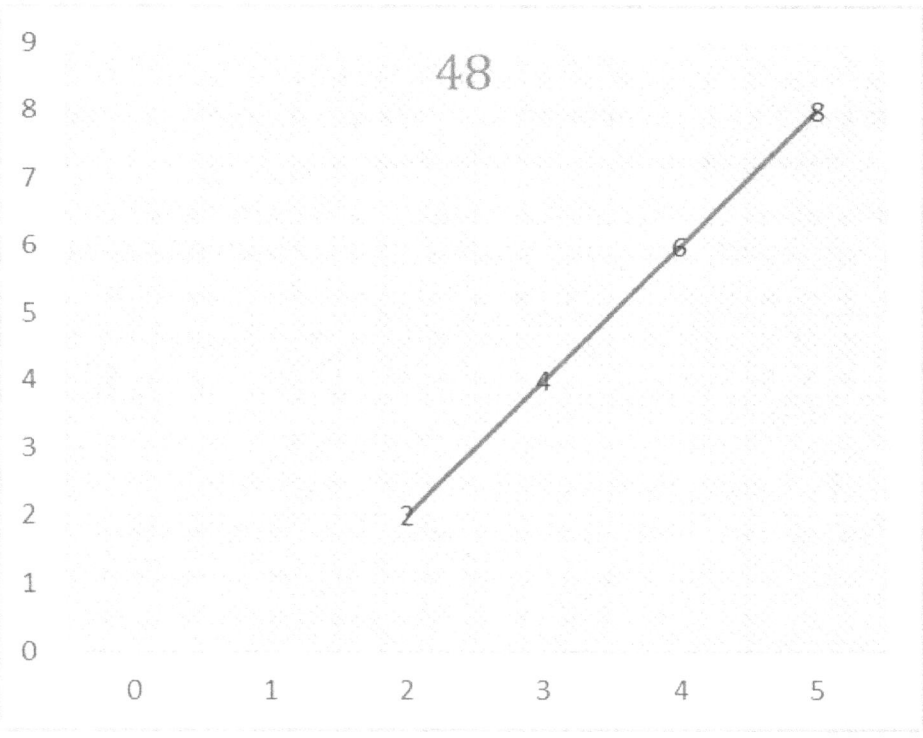

Sur la figure 48, un mouvement rectiligne uniforme des deux sphères l'une par rapport à l'autre est représenté. La sphère verte se déplace par rapport à la bleue à une vitesse de deux mètres par seconde.

Le mouvement commence à la deuxième seconde et se termine à la septième seconde.

Nous avons fait des expériences qui montrent que nous sommes en mesure d'obtenir des vitesses relatives différentes entre les deux sphères. Ce résultat nous permet de déduire une loi naturelle qui dit que :

Un mouvement rectiligne uniforme entre deux corps physiques peut toujours être représenté comme un mouvement avec accélération de ces deux corps physiques.

Cela signifie que tout **mouvement relatif** peut être représenté par **un mouvement absolu** avec accélération.

D'un point de vue philosophique, le jugement dernier est étrange et nécessite une analyse plus approfondie ainsi que des conclusions et conclusions pertinentes. Les conclusions tirées contribueront à l'enrichissement de certaines catégories philosophiques. Cela sera fait à un stade ultérieur du processus de recherche que nous menons.

11. SENSATION DE L'ACTION DE LA FORCE.

Dans la réalité qui nous entoure, il existe un autre fait auquel nous devons prêter une attention particulière. Nous parlons du phénomène de « sensation d'accélération » et de « sensation d'action de force », qui peuvent être combinés en un seul, phénomène désigné comme « sensation d'action de force et de mouvement avec accélération ». Cela fait partie de la vie quotidienne de chacun, c'est pourquoi il est toujours clair pour tout le monde que lorsque le train démarre, les passagers qui s'y trouvent "sentent" cela par la poussée qu'ils reçoivent au premier instant et par la force agissant ensuite, qui a le sens opposé au sens de déplacement. Dans ce cas, personne n'est surpris que le dos des passagers assis soit plaqué contre les dossiers du train.

La raison de ce phénomène est la force d'inertie, parfois appelée force fictive.

Tout ce qui a été dit jusqu'à présent est en accord avec la troisième loi de Newton, selon laquelle pour chaque action il y a une réaction égale et opposée.

A ces considérations il faut ajouter la deuxième loi de Newton, d'où il ressort clairement que lorsqu'un corps ayant une certaine masse une force agit, le corps se met à bouger avec accélération.

En effet, les passagers du train comprennent immédiatement, d'un coup d'œil par la fenêtre, qu'ils se déplacent à une vitesse croissante, ce qui correspond à une accélération constante.

Nous séparons délibérément la « sensation d'action de force et de mouvement avec accélération » en un phénomène indépendant avec sa propre essence que nous devons comprendre.

La question se pose, quelle est la cause du phénomène « sensation de force, d'action et de mouvement avec accélération » ? La réponse à la question que nous nous posons est que le phénomène de « sensation d'action de force et de mouvement avec accélération » est le résultat de l'**action complexe des deuxième et troisième lois de Newton**.

Imaginons maintenant un ascenseur dans lequel se trouvent des passagers et, malheureusement, à un moment donné, la corde se brise.

Voir figure 49.

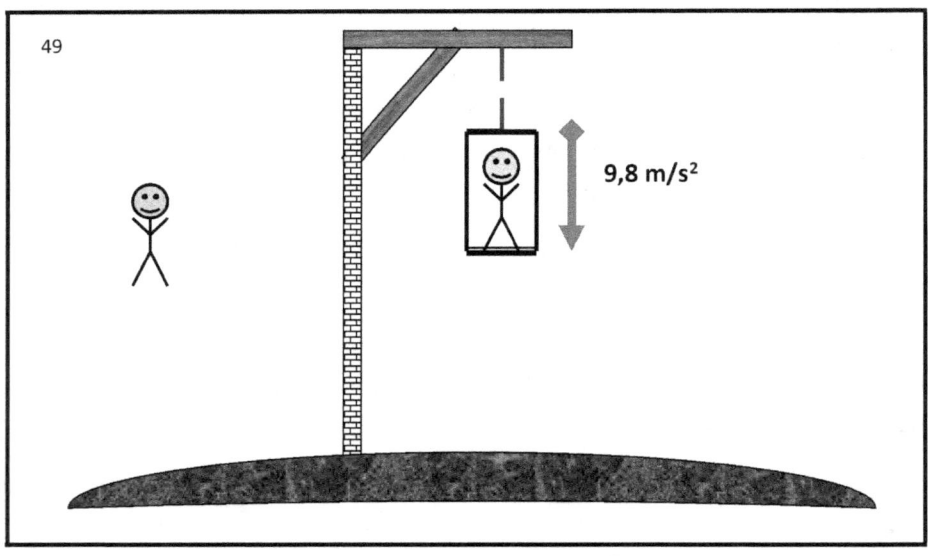

Sur la figure 49, est représentée une partie de la surface terrestre, un support vertical solide sur lequel est fixée une poutre horizontale. L'ascenseur est attaché à la poutre. La corde est cassée. Pour notre considération, il n'est pas important que l'ascenseur soit en mouvement ou au repos au moment où le câble s'est rompu. Ce qui est important, c'est que l'ascenseur commence à tomber vers la surface de la Terre et se déplace avec une accélération de neuf huit dixièmes de mètre par seconde carrée. La raison de cette chute avec accélération est que l'ascenseur et les passagers qui s'y trouvent se trouvent dans le champ gravitationnel de la Terre et subissent l'action de la force d'attraction gravitationnelle de la Terre.

La caractéristique quantitative de cette force a été montrée par Newton et est connue sous le nom de loi de l'attraction gravitationnelle :

La force d'attraction gravitationnelle entre deux corps est égale à la masse du premier corps multipliée par la masse du deuxième corps divisée par la distance qui les sépare au carré.

Les passagers de l'ascenseur n'ont aucune « sensation de l'action de la force d'attraction gravitationnelle de la Terre ». Au contraire, ils seront convaincus qu'ils sont au repos ou dans un mouvement rectiligne uniforme et qu'ils ne sont pas soumis à des forces provoquant une accélération. Les passagers dans l'ascenseur sont convaincus que leur état est déterminé conformément à la première loi de Newton :

Lorsqu'aucune force n'agit sur un corps, celui-ci est dans un état de repos ou de mouvement rectiligne uniforme .

Il convient de noter qu'Einstein a mené des expériences de pensée similaires avec les ascenseurs pour clarifier la nature des référentiels inertiels et non inertiels. Ces expériences de pensée sont extrêmement importantes et, grâce à une analyse appropriée, peuvent révéler des relations fondamentales entre le mouvement, le repos, le relatif et l'absolu.

Au début de notre présentation, nous avons défini une

dépendance claire confirmée dans la pratique :

Toujours et seulement l'action simultanée et complexe des deuxième et troisième lois de Newton est à l'origine du phénomène « sensation de l'action de la force et du mouvement avec accélération ».

Nous avons des raisons de conclure que pour les passagers dans l'ascenseur, l'effet complexe des deuxième et troisième lois de Newton n'est pas valable.

Les deuxième et troisième lois de Newton constituent le fondement de la physique. Ces deux lois sont fondamentalement universelles et englobent nécessairement tous les phénomènes possibles dans la Réalité Unique et Infinie. Le fonctionnement simultané des deuxième et troisième lois montre l'essence des mouvements absolus dans la Réalité Infinie Unique. Il n'y a aucune exception.

Il est nécessaire de connaître et d'indiquer les raisons pour lesquelles les passagers de l'ascenseur n'ont pas de « sensation d'action de force et de mouvement avec accélération ».

Voir la figure 50.

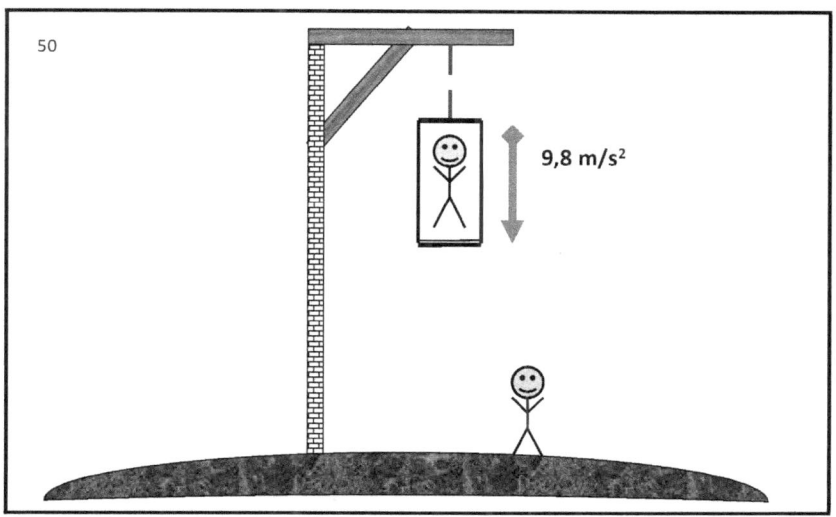

La figure 50 montre le cadre de support, la corde cassée, l'ascenseur et un passager à l'intérieur. L'ascenseur tombe sur Terre. L'ascenseur n'a pas de fenêtres et le passager ne peut pas comprendre ce qui lui arrive. Le passager se sent en apesanteur. Le voyageur conclut qu'il se trouve dans l'espace lointain et que son état est décrit par la première loi de Newton. Le passager est convaincu qu'aucune force n'agit sur l'ascenseur, et l'ascenseur est au repos, l'ascenseur est en état d'apesanteur.

Il y a une deuxième personne sur Terre qui observe la chute de l'ascenseur.

Une connexion téléphonique existe entre le passager et l'observateur.

L'observateur appelle au téléphone et dit au passager qu'il tombe et qu'il mourra très probablement lorsqu'il touchera le sol. Le voyageur répond que ce n'est pas vrai et qu'il est en état d'apesanteur et qu'il est au repos et que l'observateur se trompe.

L'observateur répond qu'il n'y a pas d'erreur, qu'il est bien ancré à la surface de la terre, qu'il sent son poids et qu'il regarde l'ascenseur tomber.

Le passager sourit et dit que si tu sens vraiment du poids, c'est parce que tu te diriges vers moi avec une accélération. Vous hallucinez ou rêvez. C'est la vérité.

Voir figure 51.

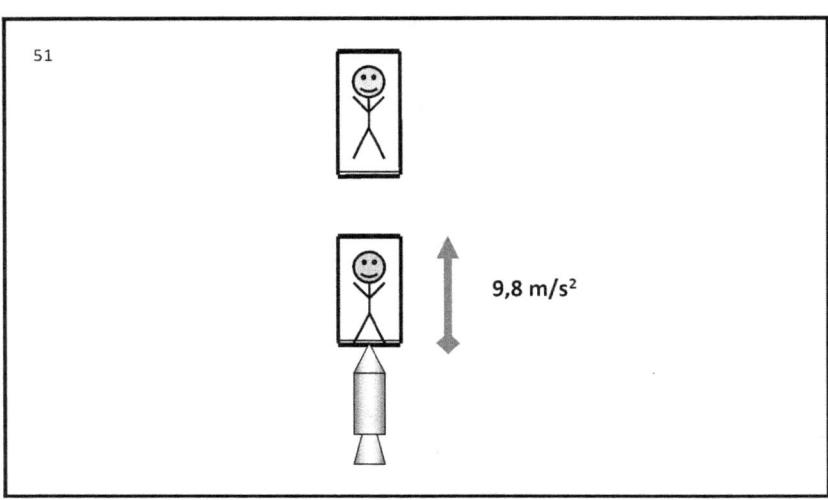

La figure 51 montre le passager dans l'ascenseur, l'observateur qui se trouve dans un deuxième ascenseur. Une fusée est placée au bas du deuxième ascenseur, ce qui pousse l'ascenseur avec l'observateur vers le haut. L'ascenseur avec l'observateur se déplace avec une accélération de neuf entiers et huit dixièmes de mètre par seconde carrée.

Le passager dans l'ascenseur supérieur appelle l'observateur et lui demande ce qu'il fait en ce moment.

L'observateur répond qu'il se trouve dans un ascenseur qui se déplace avec une accélération ascendante.

Le passager lui demande ce qu'il ressent.

L'observateur dit qu'il a atterri fermement au bas de l'ascenseur et qu'il ressent l'action de la force et du mouvement avec accélération, de la même manière que lorsqu'il a atterri sur la surface de la terre.

Le passager dans l'ascenseur supérieur répond que c'est le véritable état de mouvement et que ce n'est plus un rêve.

L'observateur se demande pourquoi c'est le véritable état.

Le passager répond qu'il en est sûr car il y a un principe qui dit :

Toujours et seulement l'action simultanée et complexe des deuxième et troisième lois de Newton est à l'origine du phénomène « sensation de l'action de la force et du mouvement avec accélération ».

Le principe ainsi défini montre la différence entre les mouvements relatifs et absolus qui ont lieu dans la Réalité Infinie Unique.

Ce principe montre que la force définie dans la deuxième loi de Newton est fondamentalement différente de la force d'attraction gravitationnelle entre les corps.

12. FORCE. POINT D'APPLICATION.

La deuxième loi de Newton stipule que la force agissant sur un corps est égale au produit de l'accélération et de la masse du corps se déplaçant avec l'accélération.

Dans ce cas, la force agissante, vingi, a un point d'action appliqué. Un site d'action est un endroit spécifique du corps. Le lieu d'action est une surface sur laquelle au moins deux corps sont pressés l'un contre l'autre. Cette surface en physique est appelée un point d'application. D'un point de vue philosophique, la notion de point, par laquelle est désigné le phénomène d'un point, fait l'objet de sérieuses critiques. Le problème est qu'il n'y a aucun phénomène ponctuel dans la Réalité Infinie Unique. Le concept de point ne sert qu'à désigner une abstraction humaine, dans l'esprit de l'homme. Dans la science mathématique, le concept de point est utilisé et il a un certain contenu mathématique, qui est encore une fois une abstraction. En sciences physiques, la notion de point devrait être remplacée par la notion de lieu.

C'est ainsi qu'a agi Newton dans "Principes mathématiques de la physique". Dans les « Principes », Newton n'a pas utilisé la notion de point. Dans les « Principes », Newton définit le phénomène de lieu, et utilise le concept de **lieu** chaque fois qu'il doit utiliser le concept de point.

Ce fait est extrêmement important pour la recherche que nous effectuons et doit être rappelé.

13. TYPES DE FORCES. MANIFESTATION DE POUVOIR. DE CAUSE À EFFET.

Il existe deux types de forces en physique moderne. Forces réelles et forces fictives. Des forces fictives apparaissent et agissent lorsqu'il y a **une action mutuelle simultanée** entre au moins deux choses.

Les actions mutuelles simultanées sont désignées par le terme

ВЗАИМНОДЕЙСТВИЕ

.

Le mot

ВЗАИМНОДЕЙСТВИЕ

, est écrit en cyrillique slave-bulgare.

Je suggère, dans l'écriture anglaise, d'utiliser le mot

MUTUALISACTION

.

J'espère que les spécialistes dans ce domaine accepteront ma suggestion et, le cas échéant, en citeront l'origine.

Le mot

ВЗАИМНОДЕЙСТВИЕ

= *MUTUALISACTION*, est un verbe et signifie des actions parallèles et simultanées exécutées par des choses **entières**. Le concept d' **interaction** = *ВЗАИМНОДЕЙСТВИЕ* *MUTUALISACTION*, est une catégorie philosophique. Grâce à la catégorie **interaction** = *MUTUALISACTION*, l'action mutuelle entre deux choses entières est indiquée. Chacun des deux touts qui interagissent l'un avec l'autre constitue toujours une **partie entière** de la Réalité Unique et Infinie.

Une partie entière de la Réalité Infinie Unique est définie par le mouvement absolu que cette partie effectue par rapport à la Réalité Infinie Unique dans son ensemble.

Des forces fictives apparaissent et agissent lorsqu'un mouvement absolu est lié à un autre mouvement absolu. Des exemples typiques en sont la façon dont ils apparaissent, la force de Coriolis, la force de la Coupe et la façon dont les objets de la mécanique quantique interagissent les uns avec les autres.

La force de Coriolis se produit lorsque le mouvement de rotation absolu de la planète Terre est lié au mouvement absolu du pendule de Foucault.

La force de la coupelle se produit lorsque le mouvement de rotation absolu de la coupelle autour d'un centre est lié au mouvement de rotation de la plate-forme autour de son propre centre.

La force de rotation, au dos de la coupelle, apparaît lorsque le mouvement de rotation absolu de **la coupelle entière**, autour d'un certain axe, est lié au mouvement de rotation absolu de **la flèche entière**, indiquant la direction de la force centrifuge, autour du même axe. .

Remarque : les deux derniers jugements sont expliqués dans l'article Dark Energy Dark Matter.

Des cas typiques d' **interactions** = *MUTUALISACTION*, ont lieu entre des objets de mécanique quantique. La science de la mécanique quantique étudie et décrit comment un quantum entier est lié à un autre quantum entier à travers le phénomène de *MUTUALISACTION*.

De cette façon, le quantum devient **entier** dans le temps et **entier** dans l'espace. Ainsi, le quantum peut effectuer *MUTUALISACTION* et changer **de quantum** par portions, ce qui est **un changement d'état**. Ainsi, tout **quantum**, changement d'**état**, est un multiple du quantum de Planck, la constante h.

Le changement d'**état** du **quantum** implique toutes **les parties** du quantum **tout entier**, **par lequel le** quantum tout entier interagit avec la **Réalité Infinie Unique dans son ensemble**, le **tout** avec **le tout**.

Le changement d'état a lieu dans **le présent** et est logiquement absolument simultané pour **toute** la Réalité Une, Infinie.

En ce sens, le moment du présent est un intervalle de temps égal à zéro, et sépare le passé du futur.

Le présent absolu est relatif, seulement et seulement, généralement **au** passé, et seulement et seulement, généralement **au** futur. De cette manière apparaissent des changements parallèles de la réalité. Et ceci, encore une fois, est **un changement d'état**, via interactions=

MUTUALISACTION .

Les changements parallèles eux-mêmes reçoivent l'être dans le présent unique, où et dans lequel il est possible de relier les uns aux autres, des touts à d'autres touts. Ce sont des relations de certaines **parties entières** avec d'autres **parties entières**. Des parties entières peuvent être différentes **parties entières** d'un **tout**, ou différentes **parties entières** de différentes choses **entières**.

Le changement d'état est un processus qui prouve l'existence d'une simultanéité logiquement absolue, et à cet égard se pose la question extrêmement importante :

Quel est le porteur de cette simultanéité, ou, pour le dire autrement, quel est le phénomène par lequel cette simultanéité peut se transformer, réduite à une grandeur physique quantifiable ?

La réponse à ces deux questions se résume à trouver des preuves physiques, des données empiriques et des faits démontrant sans équivoque l'existence du porteur de mouvements parallèles, qui dans la science moderne sont connus sous le nom d'action à distance, dans la mécanique newtonienne classique ou comme action non locale. interaction, en mécanique quantique, ou comme mouvement à vitesse infiniment élevée, dans la théorie de la relativité, qui dans notre hypothèse est **un changement d'état, par interaction** =

MUTUALISACTION

.

Une fois de plus, nous devons prêter attention au fait que la science moderne est incapable d'indiquer le porteur d'un changement d'état, à travers ## MUTUALISACTION **interaction, ou ce qui revient au même, pour indiquer un nouveau champ qui rend possible l' interaction** non locale ## MUTUALISACTION = entre les choses.

À cet égard, et à la suite de l'analyse, nous proposons d'appeler le porteur de l'action à distance, désigné par le terme **champ d'effort** .

Dans la physique moderne, il existe l'idée selon laquelle une action à distance est un mouvement à une vitesse infiniment élevée. Dans le livre "La deuxième erreur d'Einstein", j'ai expliqué et prouvé que l'expression " **mouvement à une vitesse infiniment grande** " est incorrecte. Ce que la science humaine appelle « **un mouvement à une vitesse infiniment grande** » **n'est pas une vitesse** .

Mais cela ne veut pas dire qu'un tel phénomène n'existe pas. Ce que les gens appellent « **mouvement à une vitesse infinie** » est **un changement d'état** et constitue une propriété fondamentale de **la Réalité Unique et Infinie** .

C'est précisément ce processus par lequel s'effectue **le changement**

EVGENI BANTUTOV

d'état que j'appelle **réciprocité=**
ВЗАИМНОДЕЙСТВИЕ
= *MUTUALISACTION* .

14. PRINCIPE D'UNIFORMITÉ.

Dans l'hypothèse que je présente, **le principe d'équivalence d'Einstein** est remplacé par **le principe d'égalité** . Cela signifie que le mouvement d'un corps qui tombe dans un champ gravitationnel est **uniformément rectiligne** ou est dans un état de **repos relatif** .

Voir figure 52.

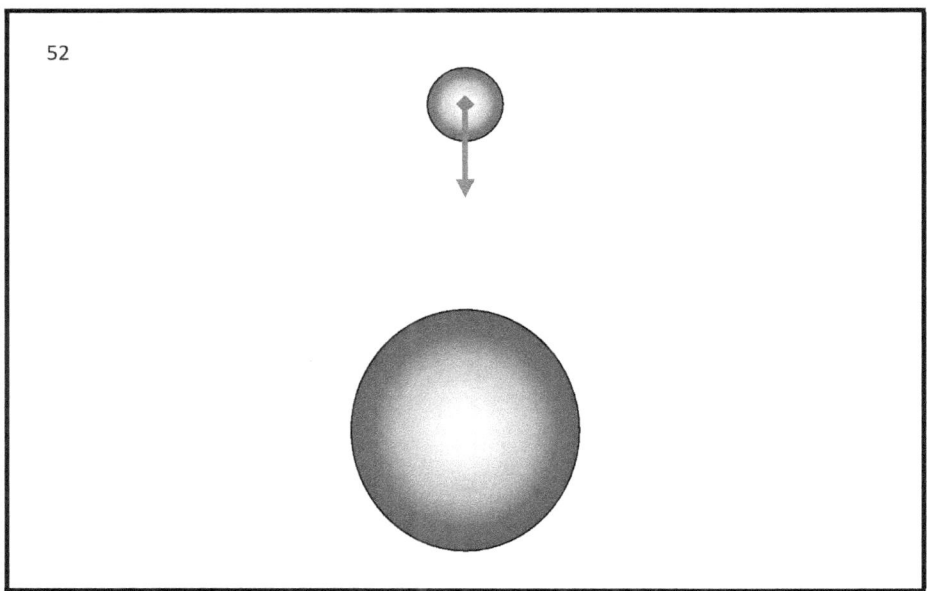

Sur la figure 52, deux sphères sont représentées. La grande sphère est stationnaire et possède une grande masse et un puissant champ gravitationnel. La petite sphère "tombe" vers la grande sphère, et se déplace avec **accélération** , mais ne ressent pas l'action d'une force et ne sent pas qu'elle se déplace avec **accélération** . C'est **le principe d'équivalence d'Einstein** .

Nous remplaçons **le principe d'équivalence d'Einstein** par **le principe d'égalité** .

Voir figure 53.

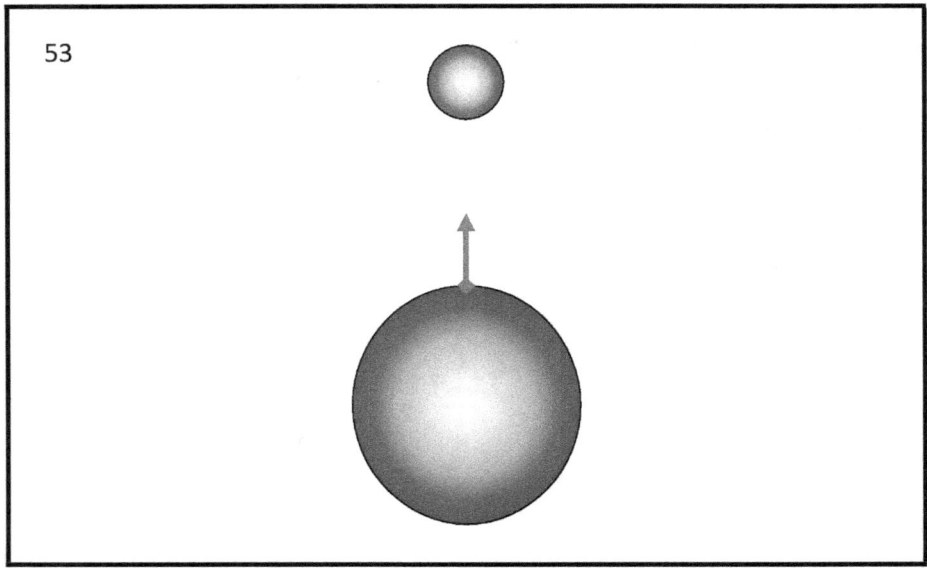

Sur la figure 53, deux sphères sont représentées. La grande sphère est stationnaire et possède une grande masse et un puissant champ gravitationnel. La petite sphère ne ressent pas "l'action de la force", ni le "mouvement avec accélération", donc la petite sphère est dans **un état de repos ou de mouvement rectiligne uniforme** . Cela signifie que la surface de la grande sphère se déplace avec **accélération** vers la petite sphère. Il faut souligner que seule et seule **la surface** de la grande sphère se déplace avec **accélération** vers la petite sphère. Le centre de la grande sphère est immobile par rapport à la petite sphère. De ce que j'ai dit, il s'ensuit que la grande sphère **augmente constamment son rayon** , et que toute la surface de la grande sphère s'éloigne **du** centre de la grande sphère, avec **une accélération de** . Pour faire court et simple, la grande sphère se gonfle comme un ballon.

Je sais très bien que certains lecteurs objecteront avec force que cela est impossible.

Je continue de soutenir que cela est possible et que :

La « FRONTIÈRE » de l'ensemble de la Réalité Infinie Unique s'éloigne de chaque partie entière de celle-ci avec une accélération croissante et une accélération variable.

La condition nécessaire et suffisante pour un mouvement continu avec une accélération croissante et une accélération variable est que la Réalité Infinie Unique doit être **infinie** . Je dois rappeler qu'au début de l'exposition, nous avons créé un espace de définition.

Dans le domaine des définitions, le quatrième principe stipule : La réalité est **infinie** .

15. REPRÉSENTATION GRAPHIQUE

La Réalité Infinie Unique « s'étend » avec une accélération croissante. L'accélération incrémentielle est une **accélération totale et intégrale constante** . Dans des endroits spécifiques, sur la Réalité Infinie Unique, l'accélération locale est différente. L'accélération locale peut être différentiellement décroissante, différentiellement croissante ou différentiellement constante. La Réalité Infinie Unique est spatialement tridimensionnelle. L'accélération de la Réalité Infinie Unique spatialement tridimensionnelle se produit de manière absolument simultanée le long des trois dimensions spatiales. Les trois dimensions spatiales sont présentées à la pensée humaine à travers un système de coordonnées tridimensionnelles.

Voir figure 54.

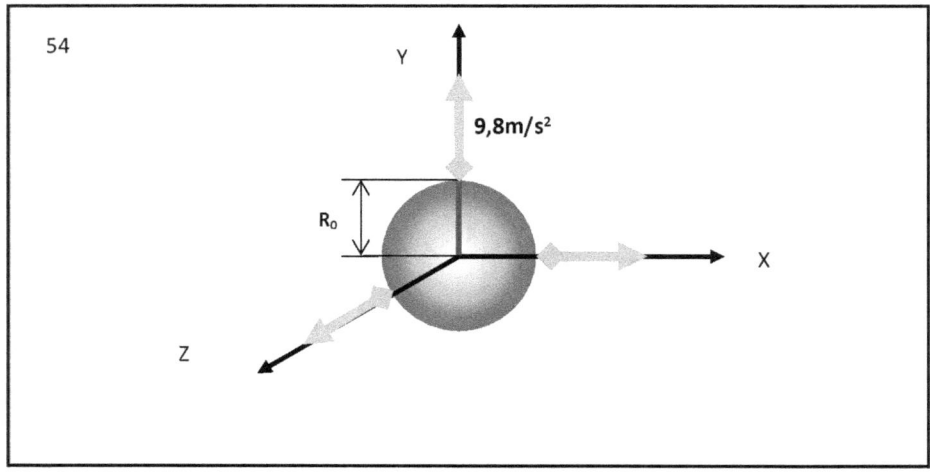

Sur la figure 54, un système de coordonnées est représenté qui se compose de trois axes. L'origine du système de coordonnées est située au centre d'une sphère.

Le système de coordonnées et la sphère sont situés au centre de la Réalité Infinie Unique. Nous supposons que la sphère est la planète Terre. L'accélération de la surface de la Terre, par rapport au centre de la planète Terre, est égale à neuf huit dixièmes de mètre par seconde carrée. L'accélération est indiquée par une flèche verte, le rayon est indiqué en bleu. Cela signifie que la longueur du rayon de la planète Terre augmente avec une accélération égale à neuf entiers et huit dixièmes de mètre par seconde élevée à la puissance seconde. Cela signifie qu'après un certain temps, la taille de la planète Terre sera deux fois plus grande.

Voir figure 55.

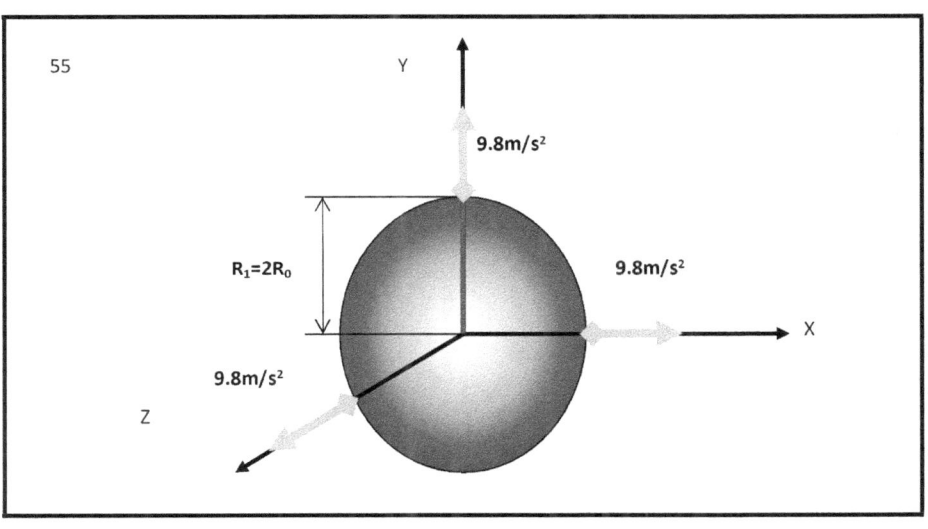

Sur la figure 55, le système de coordonnées et la planète Terre sont représentés. Le rayon de la planète Terre est deux fois plus grand.

Les êtres humains intelligents et réfléchis qui habitent la planète Terre ne remarquent pas l'augmentation de la taille de la Terre. La raison en est que tous les corps solides et objets qui se trouvent à la surface de la Terre augmentent en taille proportionnellement à l'augmentation du rayon de la planète Terre. Lorsque le grossissement est proportionnel, le rapport des dimensions spatiales des différents objets ne change pas. Le rapport reste constant. Le rapport est une constante.

Lorsque le rapport des dimensions spatiales est constant, l'augmentation des dimensions spatiales ne peut pas être enregistrée par les instruments de mesure. Les chercheurs qui mesurent les distances ne peuvent pas le remarquer.

Voir figure 56.

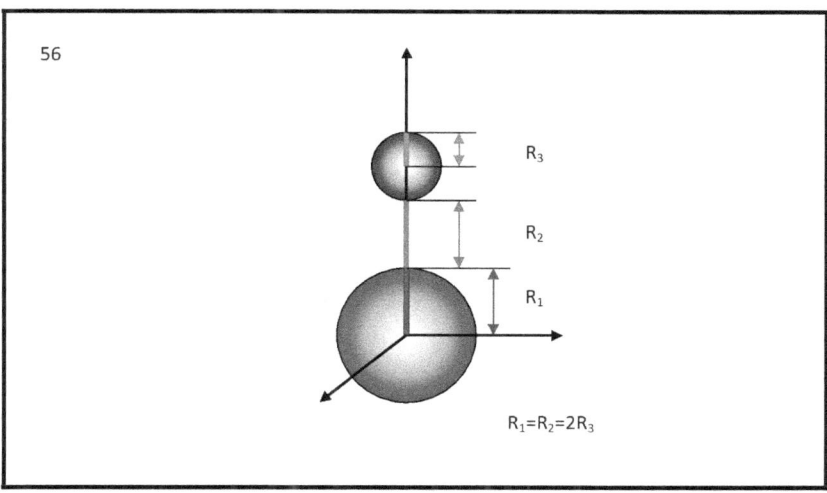

Sur la figure 56, le système de coordonnées et deux sphères sont représentés. Une grande sphère et une petite sphère. La grande sphère est la planète Terre avant qu'elle n'augmente son rayon. Le rayon de la planète Terre est représenté en bleu. La petite sphère est située sur l'axe vertical du système de coordonnées. Le rayon de la petite sphère est indiqué en rouge. Le rayon de la planète Terre est le double du rayon de la petite sphère. La distance entre la Terre et la petite sphère est indiquée en vert. La distance entre la Terre et la petite sphère est égale au rayon de la Terre. La distance entre la Terre et la petite sphère ne change pas. La terre et la petite sphère sont au repos l'une par rapport à l'autre.

Le rayon de la Terre est doublé par une accélération de neuf entiers et huit dixièmes de mètre par seconde carrée.

Voir figure 57.

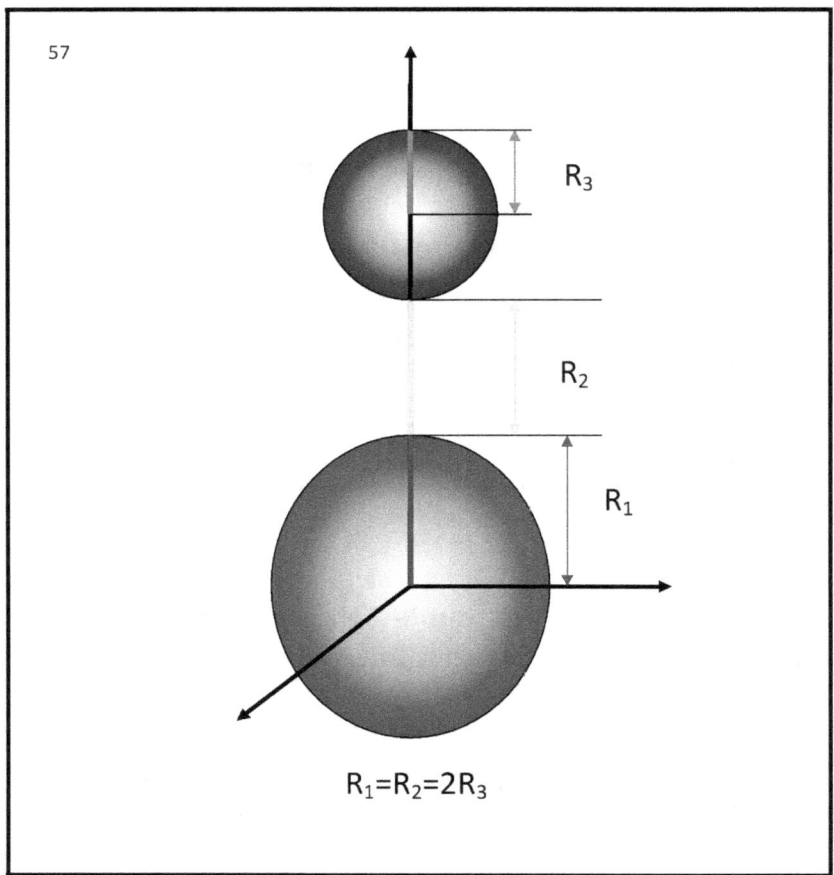

Sur la figure 57, sont représentées la planète Terre, le système de coordonnées de la petite sphère.

Le rayon de la Terre a doublé.

Le rayon de la petite sphère a doublé.

La distance entre la Terre et la petite sphère a été multipliée par deux.

Dans ces conditions, les relations entre les dimensions restent constantes.

Le rapport entre le rayon de la Terre et le rayon de la petite sphère ne change pas.

Le rapport entre le rayon de la Terre et la distance à la petite sphère ne change pas.

Le rapport entre le rayon de la petite sphère et la distance ne change pas non plus.

Tous les corps physiques qui existent sur la planète Terre ont augmenté leurs dimensions spatiales et sont désormais deux fois plus grands. Le chercheur qui effectuera la mesure est deux fois plus grand. Le mètre de l'explorateur est deux fois plus grand.

Le grossissement de la Terre, le grossissement de la petite sphère, le grossissement de la distance ne sont pas perceptibles.

Le résultat de la mesure est que les deux sphères conservent leurs dimensions et qu'elles sont au repos l'une par rapport à l'autre.

16. CONDITION DE REPOS RELATIF

Le rayon de la Terre est d'une certaine longueur. La surface de la Terre s'éloigne du centre de la Terre à une accélération de neuf huit dixièmes entiers par seconde au carré. Le rayon de la petite sphère est le double du rayon de la Terre. Les dimensions de ces deux rayons sont relatives l'une par rapport à l'autre au repos. Par conséquent, l'accélération avec laquelle le rayon de la petite sphère augmente est deux fois plus petite que l'accélération de la Terre. L'accélération du rayon de la petite sphère est égale à quatre mètres entiers neuf dixièmes par seconde carrée. Le nombre quatre entier et neuf dixièmes est la moitié du nombre neuf entier et huit dixièmes.

Voir figure 58.

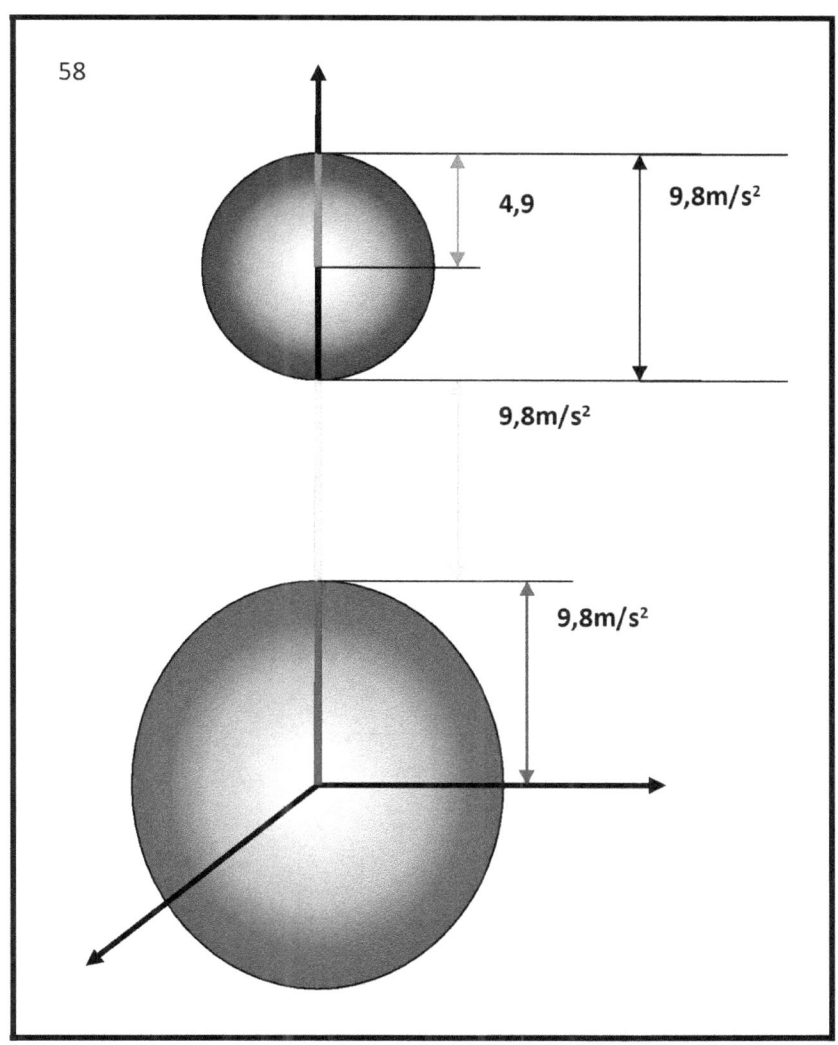

Dans la figure 58, la Terre, la petite sphère et la distance entre la Terre et la petite sphère sont représentées. Les accélérations avec lesquelles la taille des deux rayons augmentent et l'accélération avec laquelle la distance entre la Terre et la petite sphère augmentent. A ces accélérations et à ces distances, la Terre et la petite sphère sont dans un état de repos relatif.

L'état de repos relatif est également possible à d'autres

distances entre la Terre et la petite sphère.

Voir figure 59.

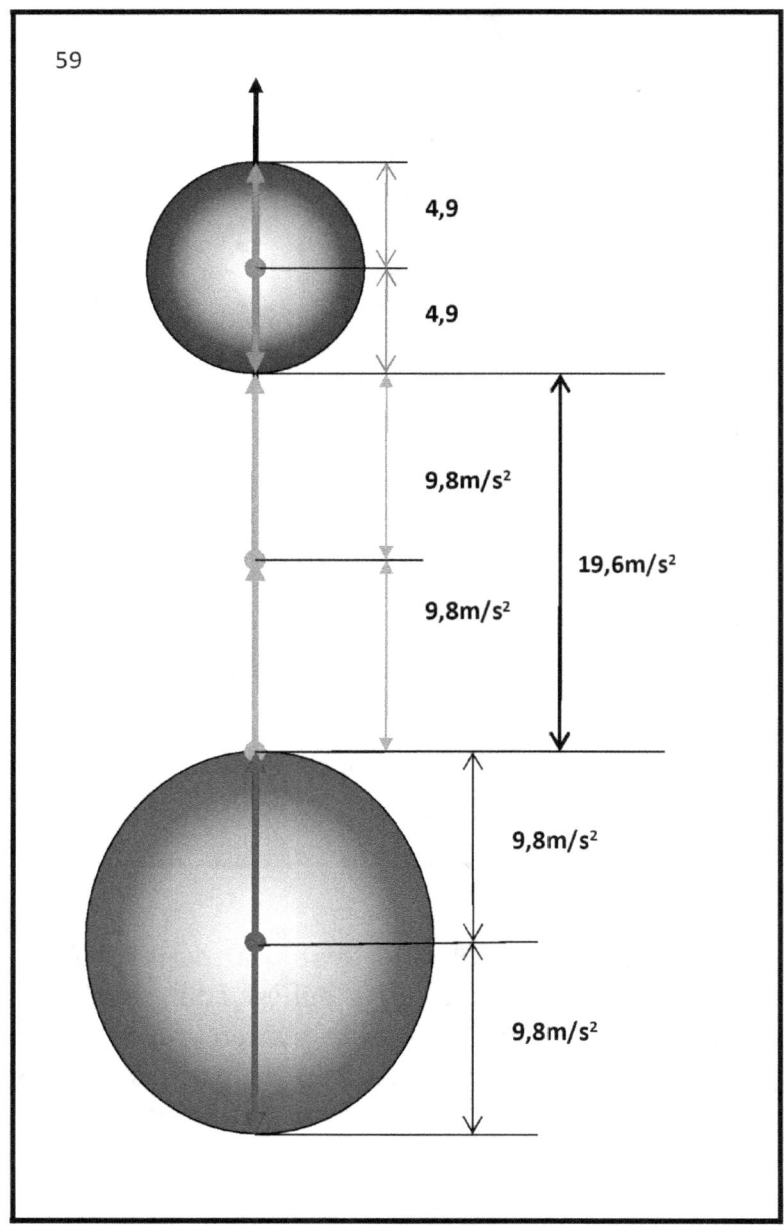

Sur la figure 59, une grande sphère-Terre, une petite sphère et **l'axe vertical** du système de coordonnées sont représentés. L'axe vertical du système de coordonnées part du centre de la Terre et se termine au-dessus de la surface de la petite sphère. C'est la flèche noire visible en haut.

Le diamètre de la Terre, qui est bleu, et l'accélération de la surface de la Terre par rapport au centre de la Terre sont indiqués. Ce sont deux rayons bleus qui partent du centre de la Terre et sont perpendiculaires. L'un en haut, l'autre en bas. Sur la droite se trouvent des chiffres et des doubles flèches qui montrent l'ampleur de l'accélération du sol. Neuf mètres entiers huit dixièmes par seconde au carré correspondent à l'accélération de la Terre par rapport au centre de la Terre.

Le diamètre de la petite sphère est indiqué en rouge et les accélérations des rayons de la petite sphère en rouge. Les accélérations des deux rayons de la petite sphère sont représentées par des doubles flèches rouges, des chiffres. Les accélérations se font dans des directions opposées, du centre de la petite sphère vers la surface de la petite sphère. L'accélération de la surface de la petite sphère, par rapport au centre de la petite sphère, est égale à quatre mètres entiers neuf dixièmes par seconde carrée.

La distance entre la Terre et la petite sphère est indiquée, qui est deux fois plus grande que la distance de la figure précédente. La longue distance est indiquée par une ligne verte. L'ampleur et la direction de l'accélération sont indiquées par une flèche verte. Les chiffres montrent les valeurs numériques des accélérations. Deux fois la distance, a deux fois l'accélération. A ces dimensions et ces accélérations, la Terre et la petite sphère sont à nouveau dans un état de repos relatif l'une par rapport à l'autre.

Les figures montrent que les mouvements absolus avec accélération sont relatifs les uns aux autres et sont au repos relatif.

Les figures montrent que le repos relatif est un cas particulier de mouvement absolu avec accélération.

Cela signifie que tout **repos relatif peut être réduit à un mouvement absolu avec accélération.**

Je soulignerai une fois de plus qu'il s'agit d'une propriété fondamentale extrêmement importante du repos et du mouvement, et que la physique moderne n'a pas prêté suffisamment d'attention à ce fait.

La condition du repos relatif est :

$$\frac{a_n}{S_n} = const.$$

Où:

$$n = 1; 2; 3; \ldots \to \infty$$

, est un numéro de séquence.

a_n - est l'accélération de numéro ordinal qui

correspond à une distance précisément définie S_n ayant le même numéro ordinal.

S_n - est une distance de nombre ordinal qui correspond à une accélération bien définie a_n, de même nombre ordinal.

$const.$ - est une constante numérique qui est la même pour l'ensemble des relations entre accélérations et distances qui ont le même nombre ordinal.

17. RÉALITÉ TRIDIMENSIONNELLE. RÉALITÉ UNIDIMENSIONNELLE.

La Réalité Infinie Unique est tridimensionnelle. Du point de vue de la science mathématique, la Réalité Unique et Infinie peut être représentée par plus de trois dimensions. À ce stade, c'est redondant.

Un espace tridimensionnel est représenté par un système de coordonnées à trois axes. Un espace tridimensionnel en état d'accélération par rapport à son centre augmente en taille le long des trois axes.

L'augmentation de la taille des trois axes du système de coordonnées est absolument simultanée.

L'augmentation de la taille des trois axes du système de coordonnées s'effectue avec la même accélération.

Voir la figure 60.

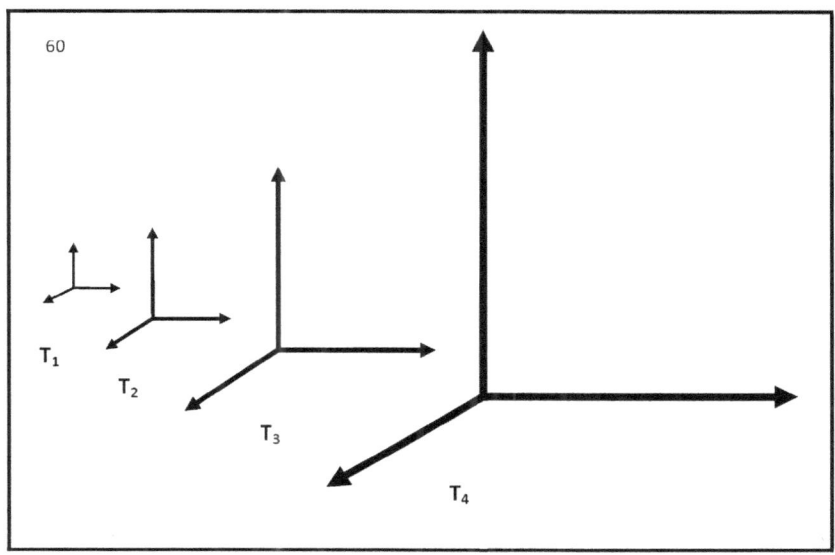

Sur la figure 60, quatre systèmes de coordonnées sont représentés qui ont des dimensions différentes.

Il s'agit d'un système de coordonnées qui met à l'échelle la taille des trois axes en quatre instants. À chaque instant ultérieur, le système de coordonnées est deux fois plus grand que le précédent. Chacun des quatre systèmes de coordonnées, à un instant donné, est au repos par rapport à lui-même.

Chacun des axes du système de coordonnées tridimensionnelles représente une réalité unidimensionnelle.

Voir figure 61.

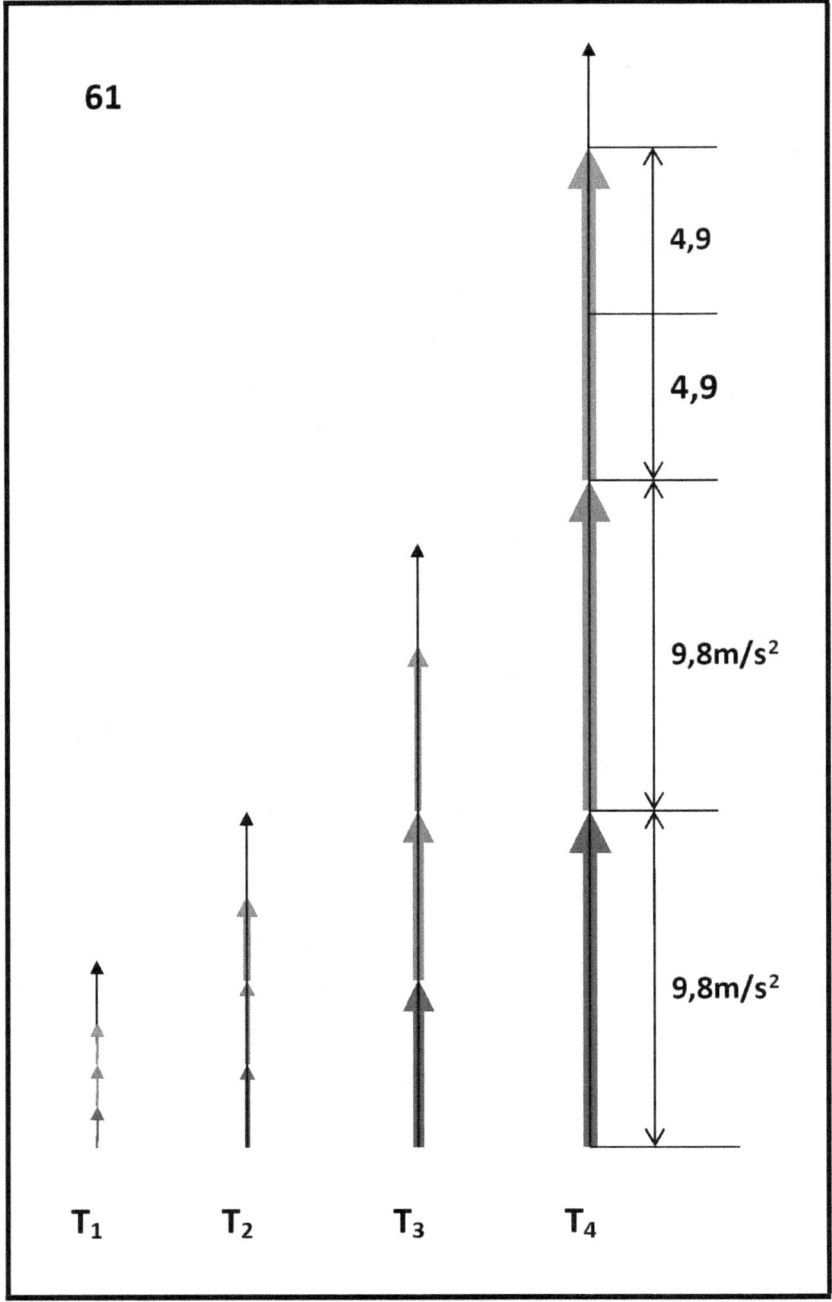

Sur la figure 61, seul l'axe vertical du système de coordonnées tridimensionnelles est représenté. L'axe vertical est une réalité unidimensionnelle. Quatre instants consécutifs de réalité unidimensionnelle sont présentés. Les accélérations et les incréments de distance sont affichés. En bleu, l'accélération et l'augmentation de la taille du rayon de la planète Terre sont représentées. La couleur verte montre l'accélération et l'augmentation de la distance entre la planète Terre et la petite sphère. En rouge, l'accélération et l'augmentation de la taille du diamètre de la petite sphère sont représentées.

La fine flèche noire représente l'axe vertical de la réalité tridimensionnelle.

L'augmentation des distances, en fonction de l'augmentation du temps, est représentée graphiquement.

Voir figure 62.

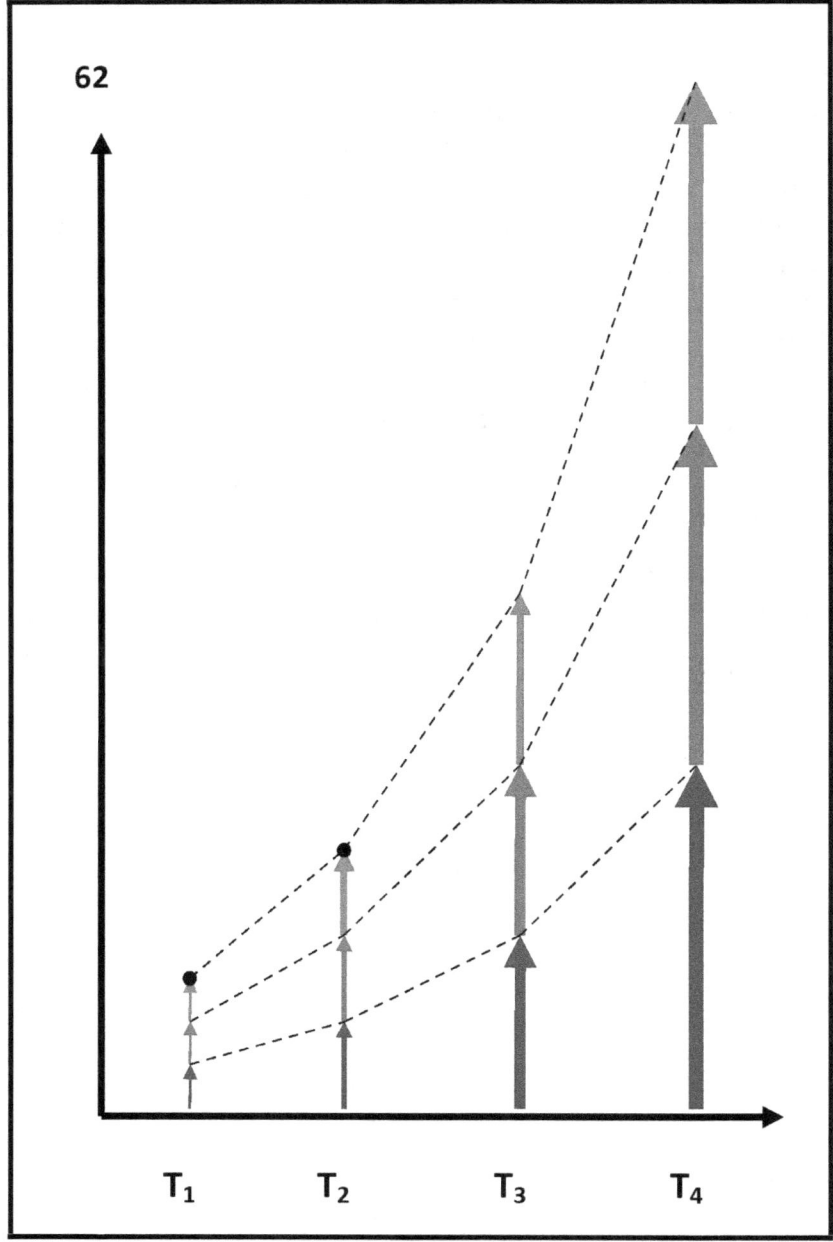

La figure 62 montre le graphique de la relation entre

l'augmentation des distances et l'augmentation du temps. Quatre distances sont affichées, à quatre moments consécutifs.

Le graphique suivant montre une réalité unidimensionnelle présentant **un coefficient d'accélération croissant** égal à un mètre par seconde carrée. Le temps d'existence de la réalité unidimensionnelle est égal à quatre secondes.

Voir figure 63.

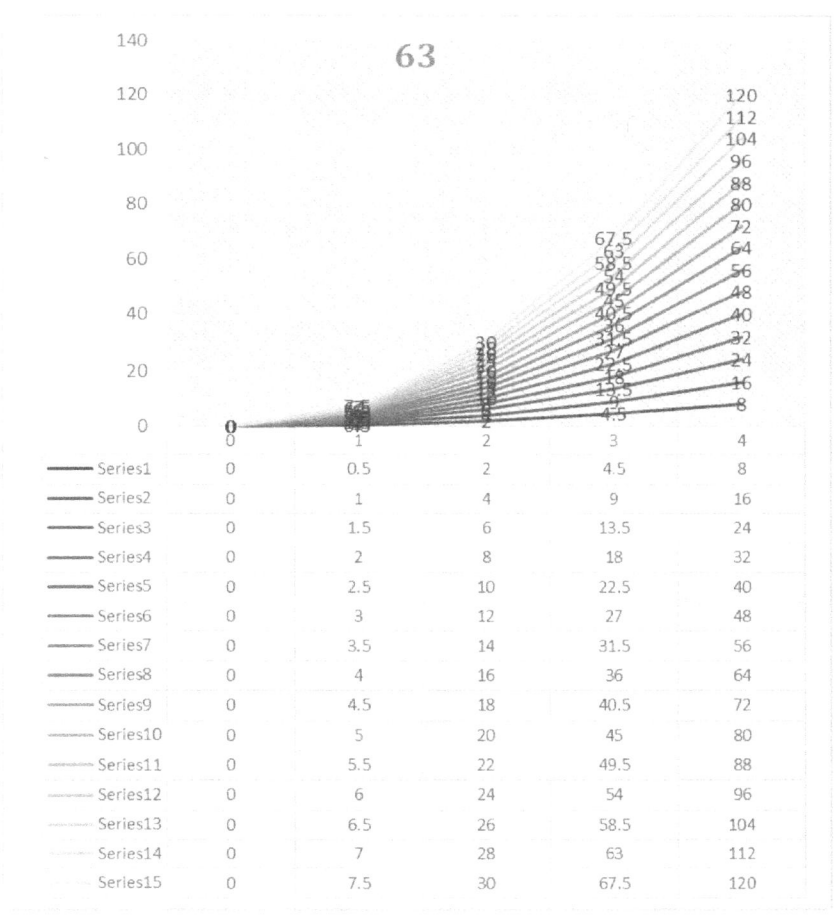

Sur la figure 63, une réalité unidimensionnelle composée

de quinze séries graphiques est représentée. La série graphique montre l'accélération de points possibles de la réalité unidimensionnelle. Dans la réalité unidimensionnelle, des distances sont possibles qui sont dans un état de repos relatif.

Voir figure 64.

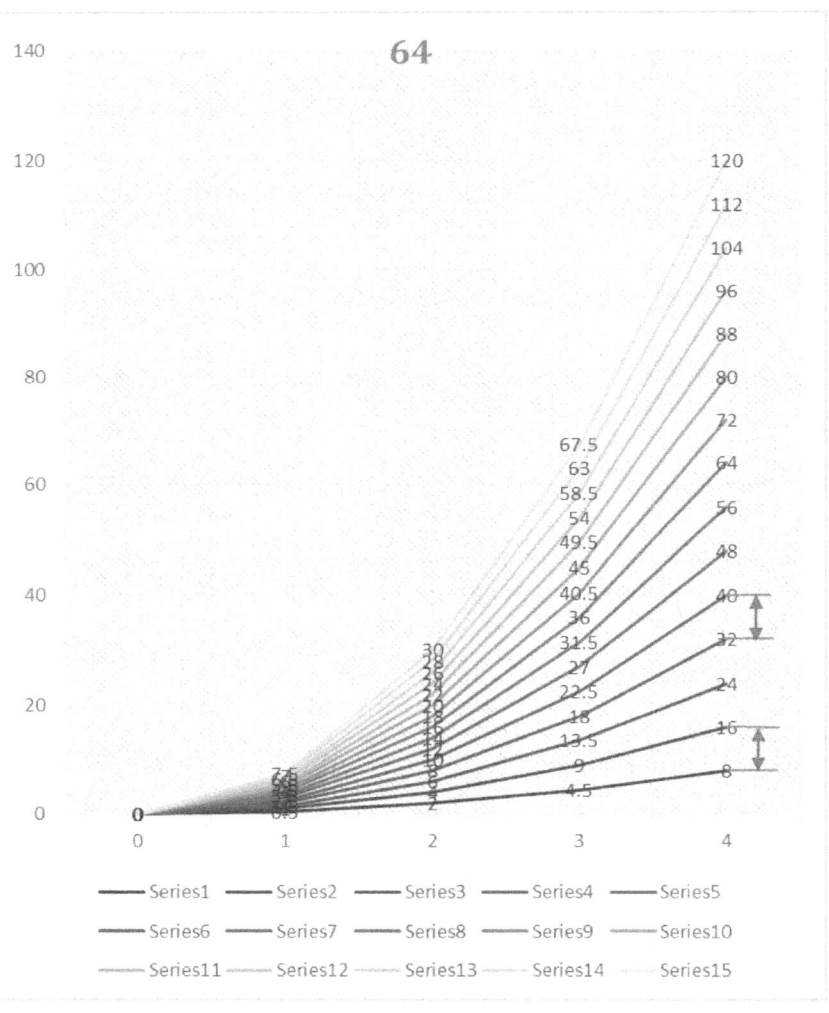

La figure 64 montre une réalité unidimensionnelle ayant une durée de vie de quatre secondes.

Quinze séries graphiques sont présentées. Les rafales commencent à zéro seconde et se terminent à quatre secondes. L'axe horizontal représente le temps, l'axe vertical représente la distance parcourue.

La première série est un graphique qui montre une accélération d'un mètre par seconde carrée.

La deuxième série est un graphique montrant une accélération de deux mètres par seconde carrée.

La troisième série montre une accélération de trois mètres par seconde carrée.

Pour chaque série suivante, sur l'axe vertical, l'accélération est supérieure d'un mètre.

La série quinze est au sommet, et l'accélération est égale à quinze mètres par seconde carrée.

La distance verticale entre les séries est toujours égale à un mètre. Le compteur est un étalon, mais à la fin de chaque seconde suivante, il a des valeurs numériques différentes.

A la fin de la quatrième seconde, la valeur numérique de la distance entre les séries est égale au nombre huit.

Regardez le graphique, la flèche rouge et les fines lignes bleues. Les nombres sont seize et huit. La différence entre eux est de huit.

Ce huit est une distance de référence d'un mètre, et est présent entre toutes les séries, selon la verticale de la quatrième seconde. À la fin de la quatrième seconde, la différence entre les chiffres verticaux adjacents est toujours le nombre huit.

À la fin de la troisième seconde, la différence entre les chiffres superposés verticalement est toujours égale au nombre quatre et demi. A la fin de la troisième seconde, le chiffre quatre et demi est un étalon pour une distance égale à un mètre.

A la fin de la deuxième seconde, le chiffre deux est un étalon pour une distance égale à un mètre.

Dans la réalité unidimensionnelle, des corps physiques existant dans un état de repos par rapport à eux-mêmes sont possibles.

Voir figure 65.

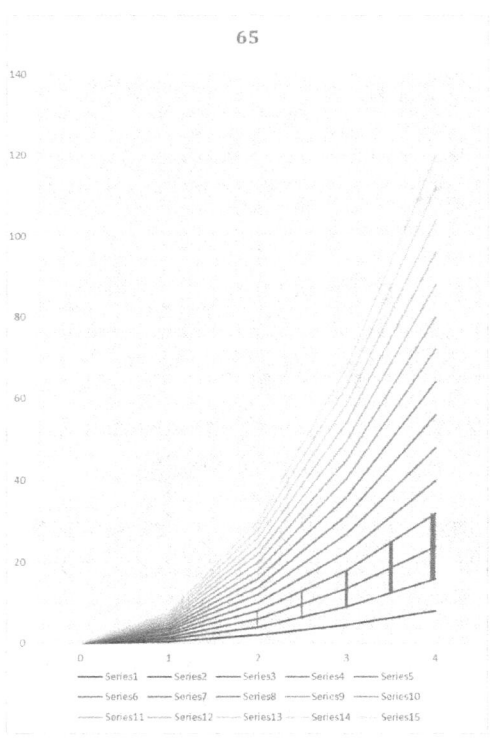

65

Sur la figure 65, on voit un corps de deux mètres de long qui est au repos par rapport à lui-même. Le corps est représenté par une ligne rouge.

Dans la réalité unidimensionnelle, il est possible que des corps physiques existent en état de repos par rapport à eux-mêmes et en état de repos par rapport aux autres corps.

Voir figure 66.

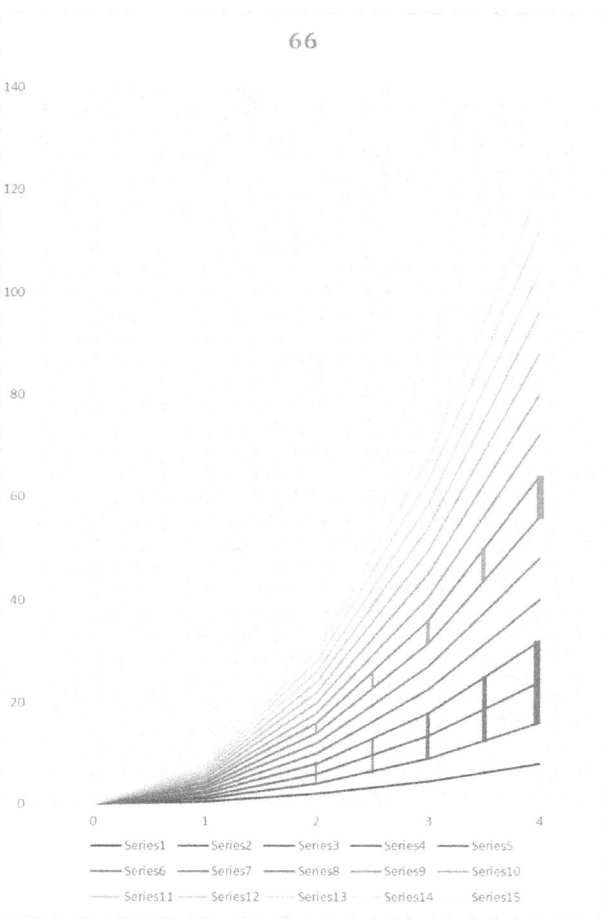

Sur la figure 66, une réalité unidimensionnelle est représentée dans laquelle il y a un objet vert et un objet rouge. L'objet rouge mesure deux mètres de long et se situe entre la série deux et la série quatre. L'objet vert mesure un mètre de long et se situe entre la série sept et la série huit. La distance entre l'objet rouge et l'objet vert est égale à trois mètres. L'objet vert est au repos par rapport à lui-même. L'objet rouge est au repos par rapport à lui-même. L'objet rouge et l'objet vert sont au repos l'un par rapport à l'autre.

Dans toute réalité unidimensionnelle, un mouvement rectiligne uniforme peut être effectué.

Voir figure 67.

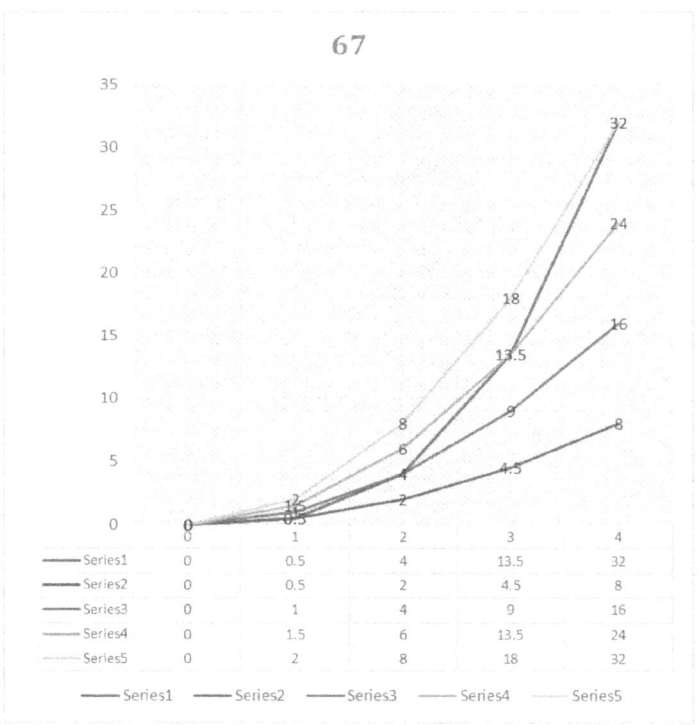

La figure 67 montre le mouvement rectiligne uniforme d'un point rouge, dans une réalité unidimensionnelle, qui a un coefficient d'accélération d'un mètre par seconde carré. Un tableau avec les valeurs numériques de la distance parcourue est affiché. Le point rouge se déplace uniformément en ligne droite à une vitesse d'un mètre par seconde.

Il est possible de déplacer des points qui se déplacent les uns par rapport aux autres sur une ligne droite uniforme.

Voir figure 68.

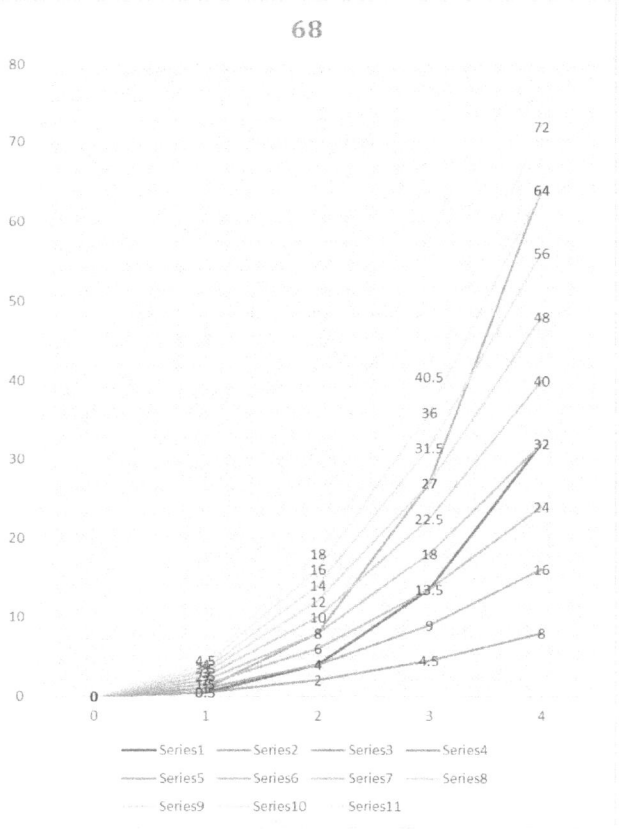

Sur la figure 68, la réalité unidimensionnelle est représentée ainsi que le mouvement rectiligne uniforme d'un point rouge et d'un point bleu.

Le point rouge se déplace uniformément en ligne droite à une vitesse d'un mètre par seconde, par rapport à la réalité verte unidimensionnelle.

Le point bleu se déplace uniformément en ligne droite à une vitesse de deux mètres par seconde par rapport à la réalité verte unidimensionnelle.

Le point bleu s'éloigne du point rouge uniformément en ligne droite, à une vitesse d'un mètre par seconde.

Il est possible de déplacer deux ou plusieurs réalités unidimensionnelles les unes par rapport aux autres.

Voir figure 69.

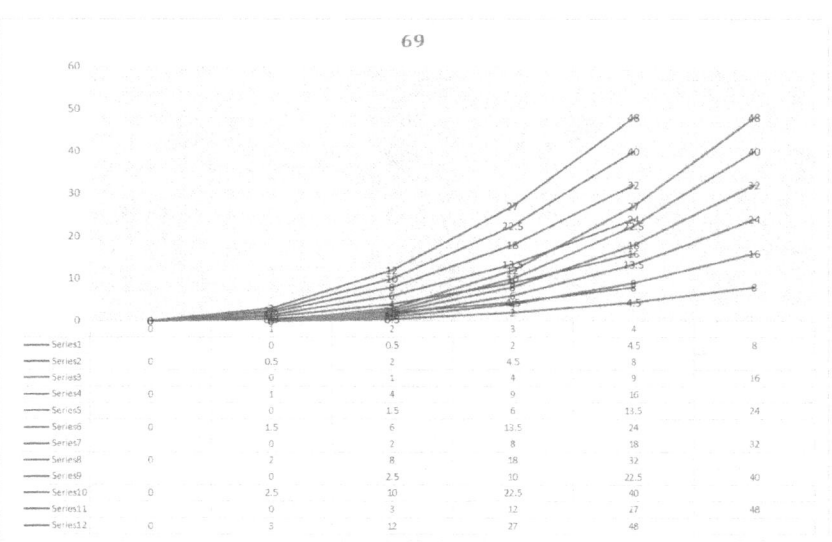

Sur la figure 69, deux réalités unidimensionnelles

sont représentées se déplaçant l'une par rapport à l'autre, uniformément et en ligne droite, à une vitesse d'un mètre par seconde.

La réalité unidimensionnelle rouge existe une seconde plus tôt que la réalité bleue.

Dans une réalité unidimensionnelle, un mouvement avec accélération de n'importe quel point est possible par rapport à l'ensemble de la réalité unidimensionnelle.

Voir figure 70.

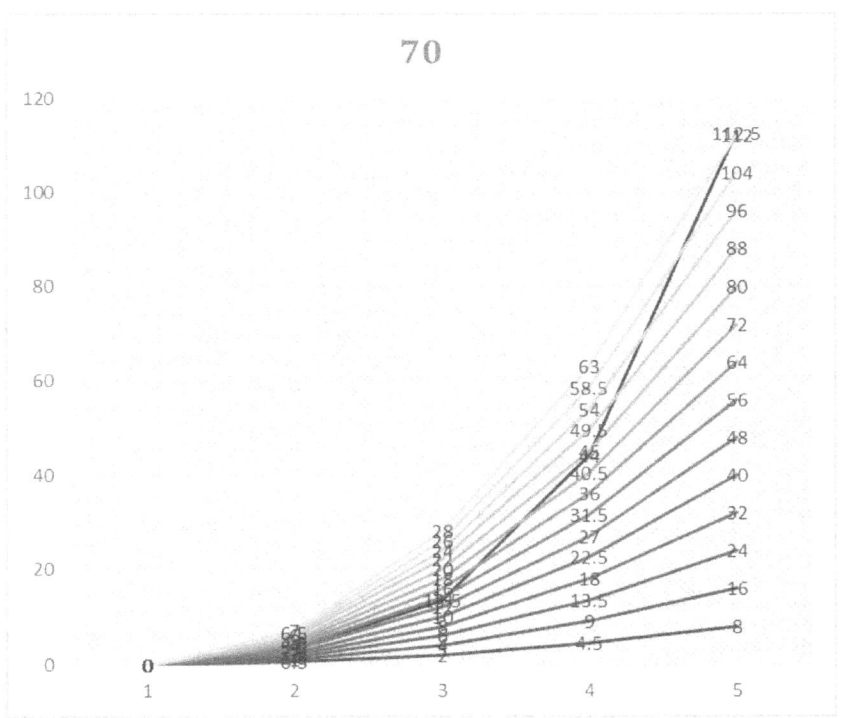

Sur la figure 70, on montre un point qui se déplace avec accélération par rapport à la réalité unidimensionnelle. Le point se déplace dans une réalité unidimensionnelle avec une accélération d'un mètre par seconde carrée.

Dans la réalité unidimensionnelle, tous les types de mouvements sont possibles.

Voir la figure 71.

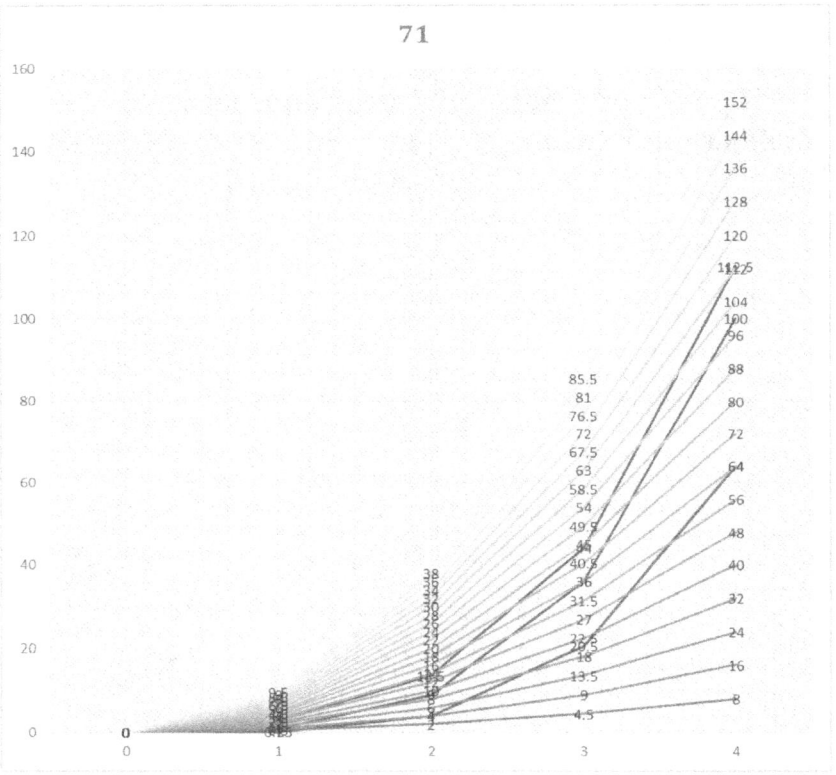
71

Sur la figure 71, une réalité verte unidimensionnelle, deux points bleus et un point rouge sont représentés. Les deux bleus sont au repos l'un par rapport à l'autre et se déplacent avec accélération par rapport à la réalité verte unidimensionnelle. Le point rouge se déplace avec accélération par rapport à la réalité verte, et il se déplace uniformément en ligne droite par rapport aux deux points bleus.

18. EFFORT. ACCÉLÉRATION.

L'augmentation des dimensions d'une Réalité Infinie Unique multidimensionnelle se produit à une **accélération toujours croissante**.

Une accélération qui augmente continuellement est appelée **accélération**.

Dans la Réalité Unique et Infinie, il existe des phénomènes qui témoignent du principe d'identité.

La première preuve est :

Les limites de l'univers observable s'éloignent du centre de l'univers observable avec une accélération variable.

Cela signifie que l'accélération de la frontière par rapport au centre augmente constamment et de manière différente. Les lois du changement progressif sont différentes et elles changent constamment. Ce sont les dérivés supérieurs du chemin du temps. La quantité de dérivés supérieurs est infiniment grande.

Le centre de l'univers observable est la planète Terre.

Définition:

La limite de l'univers observable est un nombre infini **de lieux** s'éloignant de la planète Terre avec une **vitesse relative observable** égale à la vitesse de la lumière.

Voir figure 72.

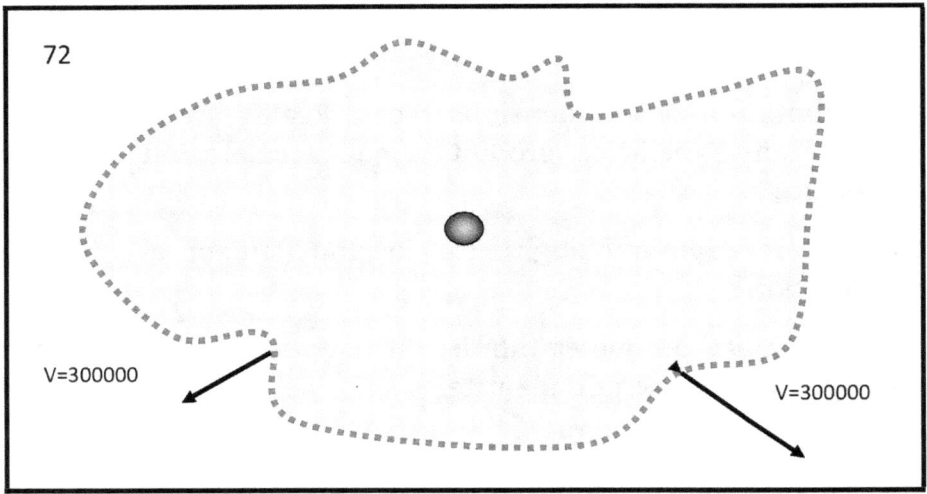

La figure 72 représente la planète Terre, l'univers observable et les limites de l'univers observable. La planète Terre est la petite sphère au milieu de la figure. La planète Terre est le centre de l'univers observable. L'univers observable est coloré en bleu clair. La limite de l'univers observable est représentée par la ligne pointillée rouge. La ligne rouge est constituée de petits carrés rouges. Les petits carrés rouges sont **des lieux** de l'univers observable. **Les lieux** sont **des parties entières** appartenant à **l'ensemble** de l'univers observable. La notion de **lieu** remplace la notion de point. Je n'utilise délibérément pas le terme point. Le concept de point est une abstraction mathématique. Il n'y a aucun point dans l'univers observable. Lorsque j'utilise le concept de **lieu**, j'y mets le sens et le contenu que Newton a utilisés dans "Principes mathématiques de la physique".

Le nombre infini **de lieux** qui définissent les limites de l'univers connu répondent à une condition unique, nécessaire et suffisante :

Ils s'éloignent du centre de l'Univers observable avec **une vitesse relative observable**, égale à la vitesse de la lumière, soit trois cent mille kilomètres par seconde. Le phénomène **de vitesse relative observable** n'est utilisé que et seulement comme condition pour déterminer la limite de l'Univers « **observable** ». Les objets physiques s'éloignant à des vitesses supérieures à la vitesse de la lumière ne peuvent pas être observés à l'aide d'ondes électromagnétiques situées dans la plage optique observable de la lumière. Le mouvement véritable et absolu de la frontière se fait avec accélération. En mouvement absolu avec accélération, il existe un moment où la vitesse relative observable de l'objet physique, par rapport au centre, est égale à la vitesse de la lumière. À ce stade, cet objet physique se trouve aux limites de l'univers observable. Cette condition est une tradition dans la science physique.

La limite de **l'univers observable** n'est pas une sphère. La limite indiquée sur la figure n'est pas un cercle et ne constitue pas la véritable limite de l'univers observable. Ceci est un exemple possible.

La deuxième preuve est :

En différents points de la frontière de l'univers observable, l'accélération $\textit{a}$ sera différente.

Voir figure 73.

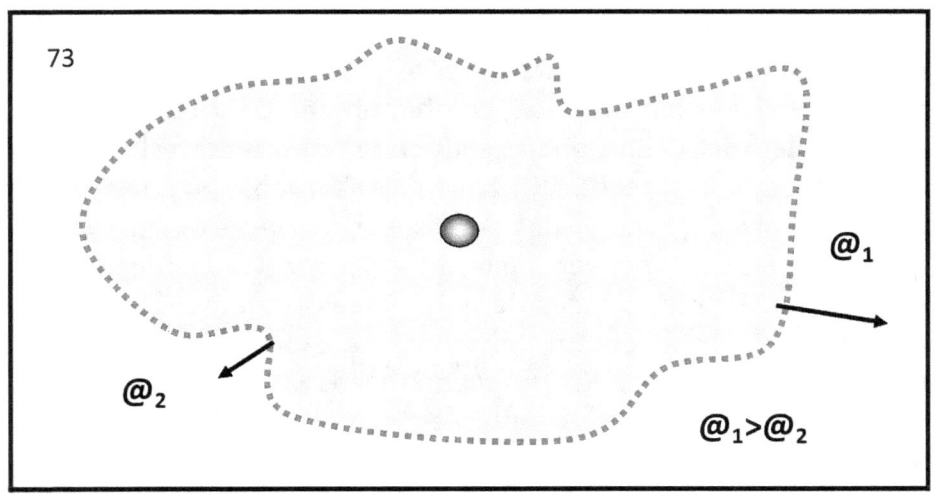

La figure 73 montre différentes accélérations à la limite de la réalité observable. L'ampleur de l'accélération est relative au centre de l'univers observable. Le centre de l'univers observable est la planète Terre.

La troisième preuve est :

Une tige de longueur égale au diamètre de la planète Terre accélérera à ses deux extrémités avec une accélération de neuf fois huit mètres par seconde carrée, par rapport à son point médian.

Dans ces conditions, la planète Terre et le bâton seront dans un état de repos relatif.

Voir figure 74.

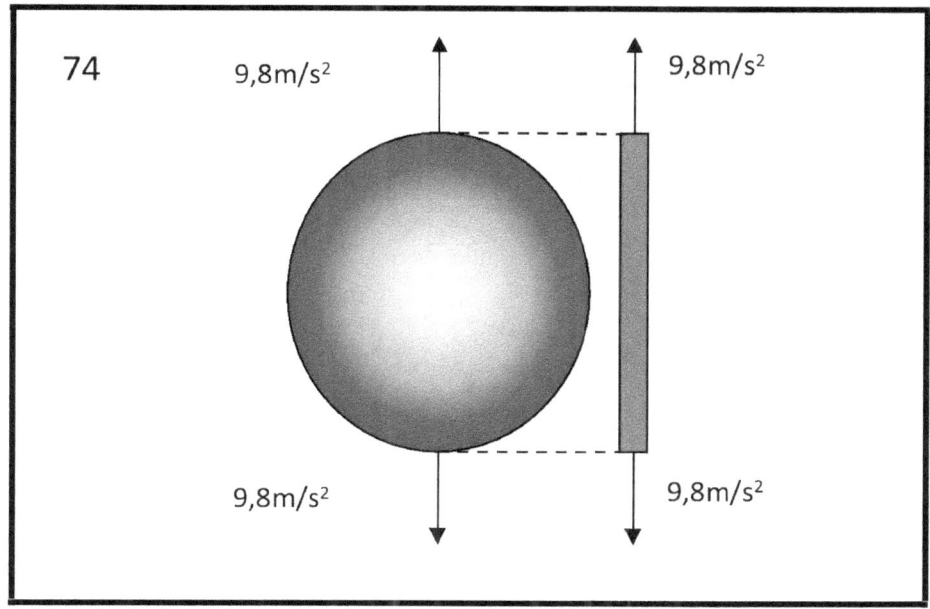

Sur la figure 74, la planète Terre est représentée ainsi qu'un bâton. La longueur de la tige est égale à la longueur du diamètre de la planète Terre. Les deux extrémités de la tige se déplacent avec racine par rapport au centre de la tige. L'accélération est égale à neuf huit mètres entiers par seconde carrée.

La quatrième preuve est :

La température au milieu de la tige sera supérieure à la température à chaque extrémité de la tige.

Le bâton va chauffer au milieu.

Voir figure 75.

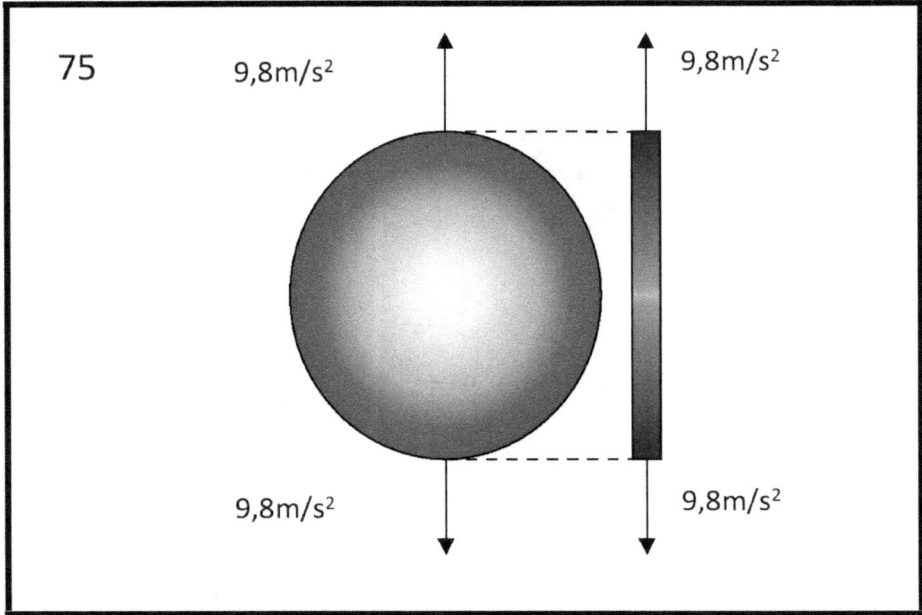

La figure 75 montre la planète Terre et un bâton. La longueur de la tige est égale à la longueur du diamètre de la planète Terre. Le milieu du bâton est rouge car la température est élevée.

19. CHAMP D'EFFORT. ESSENCE FONDAMENTALE COMMUNE DE LA RÉALITÉ INFINIE UNIQUE.

Dans les lois fondamentales de la science physique, je définis deux grandeurs interdépendantes, à savoir **l'accélération** et **l'effort**.

L'accélération $@$, - est égale aux dérivées supérieures du trajet et du temps, qui sont supérieures ou égales à trois.

$$@ = \frac{x}{t^n} \quad \text{......où: } n \geq 3$$

L'effort Φ est égal au produit de la masse du corps m et de l'accélération $@$.

$$\Phi = m.@$$

La lettre Φ provient de l'alphabet slave-bulgare - cyrillique.

Dans **le domaine de l'effort, l'interaction universelle entre les parties entières de la Réalité Infinie Unique** a lieu.

C'est le seul lien universel entre la multitude infinie de choses uniques qui ne forment qu'ainsi le contenu du phénomène de **la Réalité Unique et Infinie tout entière.** Le phénomène de **la Réalité Infinie Unique dans son ensemble peut être reflété, à travers et dans un état d' accélération** en constante évolution.

se manifeste l'essence relative du mouvement absolu inhérent à **toute Réalité Infinie Unique.**

Accélération en constante évolution, elle apparaît entre les discontinuités de **l'ensemble de la Réalité Infinie Unique**.

Une accélération en constante évolution est la cause de l'apparition d'une **quantité infinie d'une qualité** particulière et d'une **quantité infinie de qualités** différentes.

La force est égale au produit de la masse de l'ensemble et de son accélération.

$$\Phi = m.@$$

Où:

Avec la lettre, m nous marquons la masse du tout.

Avec la lettre $Ф$ de l'alphabet cyrillique slave-bulgare, nous marquons **l'effort**, et avec ce concept nous désignons **une quantité physique fondamentale** qui est égale au produit de la masse de l'ensemble et de l'accélération.

Avec le signe $@$, nous marquons *l'accélération* et avec ce concept nous désignons **une quantité physique fondamentale** qui est égale ou supérieure à la dérivée troisième du chemin à partir du temps.

$$@ = \frac{x}{t^n} \ldots\ldots n \geq 3$$

En termes d'occurrence historique, la loi de l'effort et sa relation avec l'accélération se classe parmi les trois principales lois de la physique fondamentale classique. Ainsi, les lois fondamentales de la physique sont désormais au nombre de quatre.

En termes de fondamentalité et d'universalité, la loi de l'effort englobe les trois premières lois de Newton.

Cela donne raison de l'appeler la loi « zéro » de la science physique.

Les raisons viennent du fait que les lois de Newton définissent une interaction de force quantitative entre des corps ayant une masse spécifique, **chaque fois** et **seulement quand** la **force est déjà manifestée et a une valeur spécifique**.

Dans le livre "Principes mathématiques de la physique", Newton utilise délibérément et régulièrement la terminologie "... **action d'une force appliquée** ...".

L'idée profonde de Newton est que cette force est apparue et existe déjà, qu'elle peut être appliquée et qu'elle agit lorsqu'elle est appliquée.

On pourrait soutenir que la première loi de Newton ne fait pas référence à l'interaction mutuelle des forces. Si nous analysons attentivement la manière dont il est défini, nous arriverons à la conclusion que ce n'est pas vrai.

La loi précise :

"Un corps est dans un état de repos, ou dans un mouvement rectiligne uniforme, lorsqu'aucune force ne lui est appliquée."

La loi peut s'énoncer ainsi :

"Un corps est dans un état de repos, ou dans un mouvement rectiligne uniforme, lorsqu'il est soumis à l'action d'une force égale à zéro."

Certains lecteurs objecteront peut-être que cela n'a aucun sens de parler d'une force égale à zéro, car cela signifie qu'aucune force n'est appliquée. Ma réponse est qu'il est possible d'appliquer des forces d'ampleur égale et de direction opposée, et le résultat de l'action est alors nul.

Par conséquent, le mouvement inertiel ou l'état de repos relatif d'une chose particulière n'est possible que lorsque la somme des forces agissant sur ce corps est égale à zéro.

En d'autres termes, d'un point de vue philosophique, les concepts de repos et de mouvement désignent des phénomènes objectifs étroitement liés au résultat de l'action de certaines forces spécifiques.

Il s'ensuit que le point de départ, ou position de départ, pour déterminer le phénomène de repos et le phénomène de mouvement rectiligne uniforme est **le phénomène manifesté.** forcer l'action. Ce n'est pas un hasard si Newton a utilisé le concept d'« action d'une force appliquée ».

La deuxième loi de Newton indique directement l'ampleur d'une force agissante, exprimée comme le produit de la masse de l'objet et de son accélération.

La loi est enregistrée comme suit :

En latin, la loi se lit ainsi :

> „Mutationem motus proportionalem esse vi motrici impressae et fieri secundum lineam rectam qua visilia imprimitur".

Du cyrillique bulgare slave, via un traducteur électronique :

"La variation de l'ampleur du mouvement est proportionnelle à la force motrice appliquée et s'effectue en fonction du droit sur lequel agit cette force".

On peut l'exprimer ainsi :

Lorsqu'une m force motrice appliquée agit sur un corps ayant une masse F, celui-ci est dans un état de mouvement avec une accélération constante a.

Il n'est pas nécessaire de faire une analyse pour voir que la loi indique la quantité de force lorsqu'elle s'est **déjà manifestée** et a une valeur concrète constante.

Troisième loi de Newton écrite en latin :

> „Actioni contrariam semper et aequalem esse reactionem: sive corporum duorum actiones in se mutuo semper esse aequales et in partes contrarias dirigi"

Du cyrillique bulgare slave, via un traducteur électronique :

"L'action est toujours égale et opposée à la contre-action, c'est-à-dire que les interactions de deux corps, l'un sur l'autre, entre eux, sont égales et dirigées dans des directions opposées."

Dit de cette manière, cela montre que lorsqu'un corps est *soumis* à une force provenant d'un autre corps, alors le corps réagit avec une force égale en ampleur et de direction opposée.

Dans ce cas, on remarque encore que dans la troisième loi de Newton il s'agit encore d'une force qui s'est déjà **manifestée** et **fonctionne déjà** avec une certaine ampleur constante particulière.

Nous ne posons qu'une seule question, mais extrêmement importante :

Comment **apparaît -il** ? l'action de la force F ?

Notre réponse, qui résulte de l'hypothèse du champ d'effort créée, est la suivante :

La quantité d'interaction entre les choses apparaît dans un champ d'effort.

Voir la figure 76.

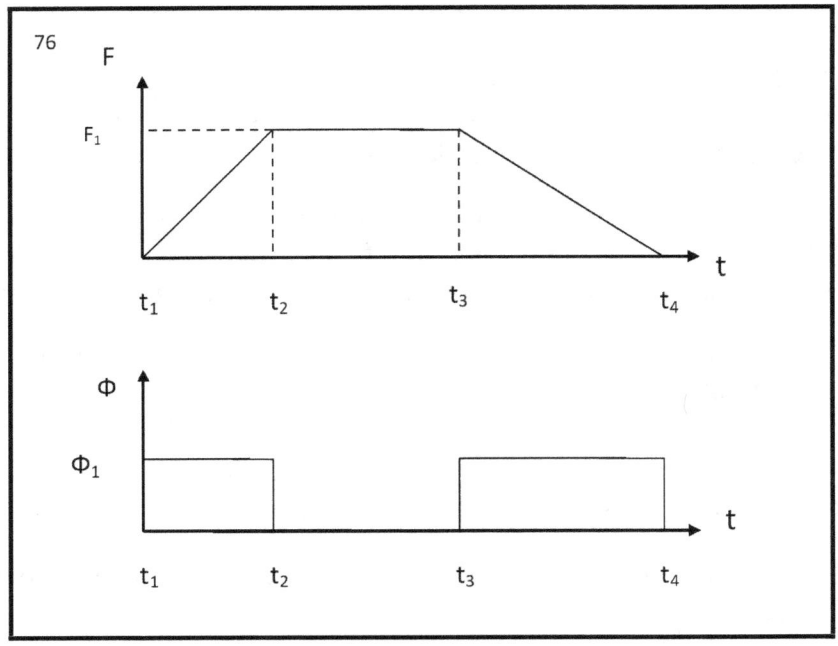

Dans la figure 74, il est montré comment, dans l'intervalle de temps $t_2 - t_1$, la force apparaît F et comment elle augmente de zéro à une certaine valeur F_1, voir le système de coordonnées ci-dessus.

Dans le même intervalle de temps $t_2 - t_1$, le

phénomène de force agissant constante est observé Φ_1, qui est représenté sur le système de coordonnées inférieur.

Dans l'intervalle de temps $t_4 - t_3$, la force diminue d'une certaine valeur F_1 à zéro (graphique supérieur) et apparaît à nouveau comme une force agissant constante de magnitude Φ_1, qui est affichée sur le deuxième système de coordonnées (inférieur).

Encore une fois, il faut souligner que les considérations ainsi exprimées nous donnent une raison de déclarer la loi de l'effort $\Phi = m.@$ comme la loi « zéro » de la physique, qui précède les lois de Newton.

En tant que loi qui opère dans le fondement absolu de **toute Réalité Infinie** .

En tant que loi, c'est la raison de l'apparition des trois premières lois de Newton.

En tant que loi qui définit le phénomène **champ d'effort** .

Comme une loi qui ouvre la porte derrière laquelle est possible la création d'une théorie générale des champs.

Cette loi est essentiellement une introduction à la THÉORIE GÉNÉRALE DES CHAMPS.

Le terme « **champ d'effort** » sert à désigner un phénomène existant dans toute **la Réalité Infinie Unique**, dont l'essence a un caractère fondamental universel.

Il est possible que ce domaine fondamental, encore physiquement inexpliqué et flou, se révèle être la base et la clé des profonds secrets du Mouvement Absolu et de ses entités apparaissant dans la direction de l'Espace, du Temps et de la manière dont elles sont construits et existent dans les choses réelles de la Nature.

En termes purement pratiques, la maîtrise technologique du **domaine d'effort** fournirait à l'humanité une liberté informationnelle illimitée pour communiquer avec **l'ensemble de la Réalité Infinie Unique** et ses **éléments constitutifs** de manière absolument simultanée.

Si toutefois cette tâche de maîtrise technologique de l'action à distance s'avère être le rêve le plus inaccessible, alors l'humanité restera à jamais captive des limitations que lui imposent le Temps, l'Espace et le Mouvement.

L'optimisme inspire le développement moderne de la conception philosophico-physique de la réalité, ce qui laisse espérer que cela n'arrivera pas.

Ces deux nouvelles grandeurs - **effort et accélération** - et la relation entre elles permettent de renouveler le contenu de certaines catégories fondamentales de la physique.

Par exemple:

La force, définie par la deuxième loi de Newton F, entretient une relation régulière avec l'interaction relative et son essence quantitative.

L'effort Φ exprime la quantité d'interaction absolue.

Masse lourde – le nombre de ruptures dans le continuum.

La masse inertielle – la continuité de stockage du lien entre les ruptures.

Cependant, ces questions, ainsi que certaines dérivées supérieures de la trajectoire temporelle, devraient faire l'objet d'une analyse scientifique distincte.

20. NEWTON, GRAVITÉ ET CHAMP D'EFFORT.

Le principe d'uniformité montre qu'il n'existe pas de force d'attraction gravitationnelle telle que représentée par Newton. Ce que Newton appelle la force d'attraction gravitationnelle est un mouvement avec accélération. Le Soleil et les planètes du système solaire augmentent leur rayon à des rythmes différents. L'augmentation des rayons avec différentes accélérations se fait par rapport au centre de la planète particulière et au centre du Soleil.

Le système solaire augmente son rayon avec l'accélération. L'accélération de la périphérie du système solaire est relative au centre du système solaire. Le centre du système solaire coïncide avec le centre du Soleil.

La loi de l'attraction gravitationnelle de Newton s'applique dans les limites du système solaire. Mais ce que Newton appelle l'attraction gravitationnelle est un mouvement de poussée, de poussée, avec accélération.

Le mouvement de poussée, de poussée avec accélération, se produit et s'effectue dans le champ d'effort. Une accélération se produit, ce qui provoque l'apparition d'une force de poussée. L'ampleur de la force de poussée dans les limites du système solaire est calculée par la loi de l'attraction gravitationnelle énoncée par Newton. Ailleurs dans la Réalité Unique et Infinie, l'ampleur de la force répulsive sera différente de la force répulsive qui opère dans les limites du système solaire. Cela signifie que la loi de la gravité de Newton sera différente.

La quantité des « autres lois de Newton » dans la Réalité Infinie Unique est infiniment grande.

La force de poussée apparaît dans le domaine de l'effort et dépend de la loi selon laquelle évolue l'accélération.

Dans la Réalité Unique et Infinie, le nombre de lois possibles par lesquelles l'accélération est modifiée est infiniment grand.

21 TEMPS

Dans la Réalité Unique et Infinie existe le Phénomène du Temps. L'essence du phénomène temporel est le mouvement avec une accélération croissante.

Une propriété fondamentale du phénomène temporel est l'irréversibilité intégrale.

www.ingramcontent.com/pod-product-compliance
Lightning Source LLC
Chambersburg PA
CBHW050002230526
45465CB00003BB/1216